成功掌控自己的情绪、欲望、压力和时间

超级自控力
如何有效地自我管理

chaoji zikongli
ruhe youxiao de
ziwo guanli

连山 / 编著

吉林文史出版社
JILIN WENSHI CHUBANSHE

图书在版编目（CIP）数据

超级自控力：如何有效地自我管理 / 连山编著 . --
长春：吉林文史出版社，2018.10（2021.12 重印）

ISBN 978-7-5472-5622-0

Ⅰ.①超… Ⅱ.①连… Ⅲ.①自我控制—通俗读物
Ⅳ.① B842.6-49

中国版本图书馆 CIP 数据核字（2018）第 245839 号

超级自控力：如何有效地自我管理

出 版 人	张　强	
编　　著	连　山	
责任编辑	陈春燕	
封面设计	韩立强	
插图绘制	龙子添	
图片提供	摄图网	
出版发行	吉林文史出版社有限责任公司	
地　　址	长春市净月区福祉大路5788号出版大厦	
印　　刷	天津海德伟业有限公司	
开　　本	880mm×1230mm　　1/32	
印　　张	6	
字　　数	150 千	
版　　次	2018 年 10 月第 1 版	
印　　次	2021 年 12 月第 3 次印刷	
书　　号	978-7-5472-5622-0	
定　　价	32.00 元	

前 言
PREFACE

　　自控力是一个人自觉地调节和控制自己行动的能力。一般情况下，自控力和意志是紧密相连的，意志薄弱者，自控力较差；意志顽强者，自控力较强。加强自控力也就是磨炼意志的过程。

　　一个人在事业上的成功需要有强大的自控力。

　　一个人在集中精力完成某项特殊任务时，在自控力的作用下，能排除干扰，抑制那些不必要的活动。在自控力的调节下，能够选择正确的活动动机，调整行动目标和行动计划。自控力强的人，能理智地控制自己的欲望，分清轻重缓急，然后再去满足那些社会要求和个人身心发展所必需的欲望，对不正当的欲望则坚决予以抛弃。自控力强的人，处在危险和紧张状态时，不轻易为激情和冲动所支配，不意气用事，能够保持镇定，克制内心的恐惧和紧张，做到临危不惧、忙而不乱。

　　不仅如此，自控力也是人们获得成功人生所必备的素质。

　　自控不仅仅是在物质上克制欲望，对于一个想要取得成功人生的人来说，精神上的自控也是重要的。衣食住行毕竟是身外之物，不少人都能克制，但精神上的、意志力上的自控却非人人都能做到。

对自己严格一点儿，时间长了，自控便成为一种习惯、一种生活方式，你的人格和智慧也会因此变得更完美。

自控力是成功的基本要素，自控力强的人能够更好地控制自己的注意力、情绪、欲望、习惯和行为，更好地应对压力、解决冲突、战胜逆境，身体更健康，人际关系更和谐，恋情更长久，收入更高，事业也更成功。是自控力造就伟人，造就机遇，造就成功。传记作家兼教育家托马斯·赫克斯利说："教育最有价值的成果，就是培养了自控力，不管是否喜欢，只要需要就去做。"自控使人充满自信，也赢得别人信任。一个人可能在缺乏教育和健康的条件下成功，但绝不可能在没有自控力的情况下成功！

自控力的养成是一个长期的过程，不是一朝一夕的事情。为了帮助广大读者系统地了解与提升自己的自控力，我们特奉献了这本《超级自控力：如何有效地自我管理》。全书着重强调了强化意志力对提高自控力的重要作用；阐明了如何培养、提高自控力，提供了具体有效的训练方法和提高途径；论述如何在实践中磨炼自控力、迎接并克服种种艰难阻碍；探讨如何运用、发挥自控力，控制情绪和欲望、改变旧习惯、管理压力、克服拖延等。全书内容丰富，分析精辟，引导读者深切地感悟自控力的独特魅力和强大作用，在自己今后的生活实践中，自觉地培养、训练、提高和调动自控力，引爆蕴藏在体内的潜能，锤炼坚忍不拔的坚强意志，迎接生活中的各种挑战，主宰人生，成就伟业，开创崭新的成功人生。

目录
CONTENTS

第一章

意志力的本能：人生来
就能抵制奶酪蛋糕的诱惑

chaoji zikongli
ruhe youxiao de
ziwo guanli

第一节

意志力不只是一个传说

人与人之间、强者与弱者之间、大人物与小人物之间最大的差异，就在于其意志的力量，即所向无敌的决心。一旦确立了一个目标，就要坚持到底，不在奋斗中成功，便在奋斗中死亡。具备这样的品质，你就能在世界上做成任何事情。

——伯克斯顿

意志力是蕴藏在人体内的神秘力量

每个人的体内都有一股天生的、无所不能的力量在沉睡——意志力。意志力是不能形容、不能解释的，它似乎不存在于普通的感官中，而隐藏在心灵深处。凭借这种力量，你就能实现你的梦想，成为你想成为的人物。

意志力是自我引导的力量

著名哲学家罗素曾说："古往今来，对于成功秘诀的谈论实在是太多了。其实，成功并没有什么秘诀。成功的声音一直在芸芸众生的耳边萦绕，只是没有人理会它罢了。而它反复述说的就是一个词——意志力。任何一个人，只要听见了它的声音并且用心去体会，就会获得足够的能量去攀越生命的巅峰。这几年来，我一直在努力致力于一项事业——试图在美国人的思想中植入这样一种观念：只要给予意志力以支配生命的自由，那么我们就会勇往直前。"

意志是人最重要的心理素质，是成功者最不可缺少的"精神钙质"。那么意志力究竟是怎样的一个含义呢？

我们不急于给意志力下一个抽象的定义，不妨先看看著名的世界冠军威尔玛的成长经历，从中我们会对意志力的内涵有深切的领悟。

1940年6月23日，在美国一个贫困的铁路工人家庭，一位黑人妇女生下了她一生中的第20个孩子，这是个女孩，取名为威尔玛·鲁道夫。

4岁那年，威尔玛不幸同时患上了双侧肺肺炎和猩红热。在那个年代，肺炎和猩红热都是致命的疾病。母亲每天抱着小威尔玛到处求医，医生们都摇头说难治，她以为这个孩子保不住了。然而，这个瘦小的孩子居然挺了过来。威尔玛勉强捡回来一条命，但是由于猩红热引发了小儿麻痹症，她的左腿残疾了。从此，幼小的威尔玛不得不靠拐杖来行走。看到邻居家的孩子追逐奔跑时，威尔玛的心中蒙上了一团阴影，她沮丧极了。

在她生命中那段灰暗的日子里，经历了太多苦难的母亲却不断地鼓励她，希望她相信自己并能超越自己。虽然有一大堆孩子，母亲还是把许多心血倾注在这个不幸的小女儿身上。母亲的鼓励带给了威尔玛希望的阳光，威尔玛曾经对母亲说："我的心中有个梦，不知道能不能实现。"母亲问威尔玛她的梦想是什么。威尔玛坚定地说："我想比邻居家的孩子跑得还快！"

母亲虽然一直不断地鼓励她，可此时还是忍不住哭了，她知道孩子的这个梦想将永远难以实现，除非奇迹出现。

在威尔玛5岁那年，一天，母亲听说城里有位善良的医生免费为穷人家的孩子治病。母亲便把女儿抱进手推车，推着她走了3天，来到城里的那家医院。母亲满怀希望地恳求医生帮助自己的孩子。医生仔细地为威尔玛做了检查，然后进到里屋。医生出来的时候拿了一副拐杖。母亲对医生说："我们已经有拐杖了。我希望她能靠自己的腿走路，而不是借助拐杖。"医生说："你的孩子患的是严重的小儿麻痹症，只有借助拐杖才能行走。"

坚强的母亲没有放弃希望，她从朋友那里打听到一种治疗小儿麻痹症的简易方法，那就是为患肢泡热水和按摩。母亲每天坚持为威尔玛按摩，并号召家里的人一有空就为威尔玛按摩。母亲还不断地打听治疗小儿麻痹症的偏方，买来各种各样的草药为威尔玛涂抹。

奇迹终于出现了！威尔玛9岁那年的一天，她扔掉拐杖站了起来。母亲一把抱住自己的孩子，泪如雨下。4年的辛苦和期盼终于有了回报！

11岁之前，威尔玛还是不能正常行走，她每天穿着一双特制的钉鞋练习走路。开始时，她在母亲和兄弟姐妹的帮助下一小步一小步地行走，渐渐地就能穿着钉鞋独自行走了。11 岁那年的夏天，威尔玛看见几个哥哥在院子里打篮球，她一时看得入了迷，看得自己心里也痒痒的，就脱下笨重的钉鞋，赤脚去和哥哥们玩篮球。一个哥哥大叫起来："威尔玛会走路了！"那天威尔玛可开心了，赤脚在院子里走个不停，仿佛要把几年里没有走过的路全补回来似的。全家人都集中在院子里看威尔玛赤脚走路，他们觉得威尔玛走路比世界上其他任何节目都好看。

13 岁那年，威尔玛决定参加中学举办的短跑比赛。学校的老师和同学都知道她曾经得过小儿麻痹症，直到此时腿脚还不是很利索，便都好心地劝她放弃比赛。威尔玛决意要参加比赛，老师只好通知她母亲，希望母亲能好好劝劝她。然而，母亲却说："她的腿已经好了。让她参加吧，我相信她能超越自己。"事实证明母亲的话是正确的。

比赛那天，母亲也到学校为威尔玛加油。威尔玛靠着惊人的毅力一举夺得 100 米和 200 米短跑的冠军，震惊了校园，老师和同学们也对她刮目相看。从此，威尔玛爱上了短跑运动，想尽办法参加一切短跑比赛，并总能获得不错的名次。同学们不知道威尔玛曾经不太灵便的腿为什么一下子变得那么神奇，只有母亲知道女儿成功背后的艰辛。坚强而倔强的女儿为了实现比邻居家的孩子跑得还快的梦想，每天早上坚持练习短跑，直练到小腿发胀、酸痛也不放弃。

在 1956 年的奥运会上，16 岁的威尔玛参加了 4×100 米的短跑接力赛，并和队友一起获得了铜牌。1960年，威尔玛在美国田径锦标赛上以22秒9的成绩创造了200米的世界纪录。在当年举行的罗马奥运会上，威尔玛迎来了她体育生涯中辉煌的巅峰。她参加了100米、200米和4×100米接力比赛，每场必胜，接连获得了3块奥运金牌。

是什么力量让一个从小就左腿残疾的小孩闯过命运的低谷，并最终成长为震惊世界的田径冠军？答案就是：她不屈不挠的人生之路上闪耀着两个大字——意志。

意志是人自觉地确定目的，并根据目的调节支配自身的行动，克服困难，去实现预定目标的心理过程，是人的主观能动性的突出表现形式。

作为一种普遍的"心智功能"，意志力是为人所熟知的东西，我们每天都能感受到它的存在。尽管不同的人对于意志力的源泉，对于意志力如何影响人，以及意志力的积极作用和局限性有着不同的看法，但大家都认同这样的看法：意志力本身是人类精神领域一个不可或缺的组成部分，甚至在我们每个人的生命中，意志力都发挥着超乎寻常的重要作用。

有人认为，意志力是一种有意识的心理功能，其作用尤其体现在经过深思熟虑的行动上。但是意志力一定是"有意识"作用的结果吗？许多看似无意识的举动，可能正是一个人意志力的体现；而另外一些脱离人的意志力指引的行为却肯定是有意识的。人的一切有意识的行动都是经过考虑的，因为即便这一行动是在瞬间做出的，思考的因素仍然在其中发生着作用。所以说，意志力是自我引导的力量。

作为一种自我引导的精神力量，意志力是引导我们成功的伟大力量。如果你拥有强大的意志力，那么你全身的能量都可以在它的召唤下聚合起来，从而实现你的成功愿望。

意志力是人类特有的

意志力是人脑的特有产物，只有人类才有意志力。正因为有了强大的意志力，才有了埃及宏伟的金字塔，才有了耶路撒冷巍峨的庙堂；正因为有了强大的意志力，人们才战胜了道路上的各种障碍，开辟了肥沃的疆土。

意志是人脑所独有的产物，是人的意识的能动作用的表现，是自觉地确定目的并根据目的来支配和调节自己的行动、克服各种困难、实现目的的心理活动。

人的行动主要是有意识、有目的的行动。在从事各种实践活动时，人通常总是根据对客观规律的认识，先在头脑里确定行动的目的，然后根据目的选择方法，组织行动，施加影响于客观现实，最后达到目的。在这些行动过程中，人不仅意识到自己的需要和目的，还以此调节自己的行动以实现预定的目的。意志就是在这样的实际行动中表现出来的。

人在认识客观事物规律性的基础上，通过自己的行为改变客观世界来满足自己的要求，实现自己的意志。意志和认识过程、情感过程、行为过程有着密切关系，认识过程是意志产生的前提，意志调节认识过程。情感可以成为意志的动力，意志对情感起控制作用。行动是意志的反映，意志则对行动起调节作用。

在这个世界上，只有人类具有意志。

人比动物高明之处在于，人不只是为了生存，更需生产、生活。人类能认识自然的本质和规律性，能依据这种对自然的本质和规律性的认识，按照自己的目的去利用、支配和改造自然。动物虽然也作用于环境，有些高等动物甚至仿佛有某种带目的性的行为，但是从根本上说，动物的行为不能达到自觉意识的水平。尽管有些动物的动作可能十分精巧，但它们却不可能意识到自己行为的目的和后果。因此动物的行为是盲目的。

正如马克思所说的："蜜蜂建筑蜂房的本领使人间的许多建筑师感到惭愧。但是，最蹩脚的建筑师从一开始就比最灵巧的蜜蜂高明的地方，是他在用蜂蜡建筑蜂房以前，已经在自己的头脑中把它建成了。劳动过程结束时得到的结果，在这个过程开始时就已经在劳动者的表象中存在着，即已经观念地存在着。他不仅使自然物发生形式变化，同时他还在自然物中实现自己的目的，这个目的是他所知道的，是作为规律规定着他的活动的方式和方法的，他必须使他的意志服从这个目的。"

马克思认为，在生物的进化过程中，不同的生命体都形成了其特殊的需要和独特的有选择的反应能力；人的意志则是与人的需要相关的一种特殊的选择、调控能力。恩格斯指出："不言而喻，我们并不想否认，动物是有能力做出有计划的、经过事先考虑的行动的……在动物中，随着神经系统的发展，做出有意识有计划的行动的能力也相应的发展起来了，而在哺乳动物中则达到了相当高的阶段。"动物特别是高等动物的这种"有意识有计划的行动的能力"可以视为人的意志的潜在或"萌芽的形式"。人作为生命有机体的最高形式，其生存与发展也必须以基本需要得到满足为前提。与动物的本能需要相比较，人的需要本质上形成并发展于社会实践，它具有丰富性和超越性。马克思把人

的需要称作"天然必然性"，或人的"内在的必然性"，他指出，具有众多需要的人，"同时就是需要有完整的人的生命表现的人，在这样的人身上，他自己的实现表现为内在的必然性、表现为需要"。人的需要通过社会关系表现而为利益，"人们奋斗所争取的一切，都同他们的利益有关"。与动物只能基于本能的需要、欲望而活动不同，正常的人的活动不仅有需要、愿望，而且具有"有目的的意志"。

作为有意志、有意识的社会存在物，人能够自觉地为自己的生命活动设定目的，并努力以观念方式和实践方式来掌握世界以实现自己的既定目的。正是通过这种对行动的支配或调节，自觉的目的才能得以实现。动物没有意志，它们只能消极地顺应周围环境，成为自然的奴隶；人有了意志，就能够积极地改造外部世界，从而有可能成为现实的主人。

人类的行为源于意志力

每个人的体内都有一股上帝一般无所不能的力量在沉睡——意志力。这种力量可以让你成为你想成为的人物、得到你想得到的一切、实现你正为之努力的梦想，它就在你的体内，全靠你去运用。当然，你必须学会怎样去做，但第一要素是必须认识到你拥有这种力量。

医学博士威廉·汉纳·汤姆森在其所著的《大脑与性格》中说道："意志是人的最高领袖，意志是各种命令的发布者。当这些命令被完全执行时，意志的指导作用对世上每个人的价值将无法估量。一个人的精神如果总受意志控制，他将根据精神而不是条件反射来思考，从而使人的生活具有明确的目的性。如果一个人总是根据其人生目的而行事，丝毫没有创新，那又有谁敢去试探一下这种人的力量呢？"

"总而言之，世人终会明白，我们不能因为一个人所拥有的肤浅想法而维护或责难于他。首先应有正确的意志力，一旦人的思维领会其意志，其行为就会随之步入正轨；如果意志有悖常理，即使通晓真理，对人也毫无益处。

"人之所以成为万物之灵，是因为人拥有特殊的责任感，而让人产生强烈责任感的正是其意志。有些人刚开始似乎优势明显，聪明过人，有机会受到教育，有很高的社会地位，但其中能走得很远、攀得很高的人为数并不多。他们一个接一个地变得步履蹒跚，害怕被人超越。而那些最终超越他们的人刚开始并不被世人看好，很少有人想到他们能超越那些具有明显优势的人。因为他们看起来并不聪慧过人，综合素质也远远落后于那些人。意志的力量可以解释这一切。在人的生命过程中，再也没有什么比意志力具有更强

大的精神力量了！"

在实践过程中，人固然要受到外部世界的制约，具有受动性；但是，人为了追求自己的对象，实现自己的目的，满足自己的愿望和需要，又总是力图从自身方面去支配和控制这些影响和刺激，并有一种能够实现这种支配和控制的信念、决心与信心。在这种情况下，就会促使主体产生一种意志努力和意志作用。人的意志作用于具体实践的各个环节，并最终通过实践结果得以外化、对象化。换言之，意志在实践中的作用是通过实践活动中目的、手段和结果的反馈调控过程而实现的。

首先，制定实践目的。马克思指出，生产实践活动是以与一定的需求相应的方式占有自然物质的有目的的活动，主体在制定指导自己实践活动的实践目的时，其所确立的目的必须反映符合于人们自己本性的需求，包含着人们在对自己有用的形式和规定上掌握客体的要求。在实践目的中，必须把这种需求作为人们自己内在的尺度观念运用到对象上去。实践目的的确立必须通过意志努力才能形成，而意志对于实践目的的确定主要起两方面的作用：一是意志调节主体以最高的效率捕捉新的信息。由于人脑所获初始信息往往是杂乱、无序的，为了全面地把握客体信息及主体自身需要，主体就需要通过意志来调节保持神经网络、脑皮质及主体的感受器官在追踪信息过程中的专一性和耐受性。二是意志直接控制着实践目的确立的活动的发动和停止，强化主体对实践目的的理解。

其次，确立实践方案。实践方案的确立，是主体在制定了自己的实践目的之后，为了确保这一目的的顺利、高效、合理地实现，对客观事物的各种矛盾、各个侧面继续进行认真的调查、分析和研究，并对各种可供选择的方案认真地权衡其利弊得失、反复思考之后才完成的。

意志调节使主体的生理系统给予制定实践方案的精神活动以充足的能量或动力保证。制定实践方案是一种创造性的、综合性的、具体的思维过程，要克服在此过程中的困难，并促使主体活动合乎主体目的，意志调节是必不可少的。

意志调节促使主体自觉克服内外干扰，有效地抑制反常情绪的发生和持续，为制定实践方案活动的持续进行创造一种平衡的心理条件和良好的精神状态。并且，促使主体把实践目的转化为坚定的信念，保证由实践目的的确立活动向实践方案的制订活动的过渡和转换，并激励主体努力追求更高层次的目的。

再次，调控实践过程。意志通过对人的多层次需要的自我意识，从中选择出当前最基本、最迫切的某种需要，由此出发确定必要的实践对象；进而意志又通过对主体能力的自我评价，从若干与主体当前需要相符合的客观事物中，选择出与主体能力相当或大致相当的实践对象。

在这个过程中，意志总是要受到人的各种需要、情感等内在因素，以及对象、环境等外在因素的影响。意志通过对主体内部精神世界的自我意识与自我评价，努力维护那些具有优良品质的情感等内在要素，并使之在强度上与主体当前实践活动所需要的唤醒水平相适应；另一方面，意志又压抑或排除那些干扰或妨碍当前实践活动的消极情感或外界的消极因素，以趋利避害、兴利除弊，保证、促进实践活动的持续、深入发展。

最后，检验实践结果。人们为了充分认识实践结果及其意义，并通过实践结果反思实践目的和过程，通过意志进行实践评价是非常必要的。

主体通过意志对实践的效果、效能、效率进行验证，一般就能获得对于实践目的、实践过程的再认识，并进而建立起完善的运行机制。意志则是这种机制中不可或缺的中枢。主体依照一定的目的和方案进行现实的实践活动时，往往会遭遇一些意外的情况甚至困难、障碍，从而引发实践偏差或错误，造成实践过程失控或实践结果背离预期目的等现象。

在这种情况下，则要求主体排除众多不利影响和刺激的干扰；以高度的意志力，通过发动或抑制某些欲望、愿望、动机、兴趣、情感等使之为达到某一目的服务，支配自己的行动使之符合目的的要求。当遭遇困难时，主体毅然直面困难，勇往直前；当价值目标发生冲突时，为了更为重要的需要、利益或更为高尚的目的，主体自觉地控制自己相对次要的利益和需要，甚至做出一定的牺牲。意志渗透于主体的一切对象性活动之中，它以主体的客观需要为基础，以主体对客体与自身的价值关系的认识为条件，直接控制着主体活动的发动与停止，促使人自觉地发挥主观能动性，遵循客观规律去改造主客观的世界。

意志力的差异决定人的差异

人与人之间，成功者与失败者之间，弱者与强者之间，最大的差异，往往并不是能力、素质、教育等方面的差异，而是在于意志的差异。正是因为意志比较薄弱，才会有那么多弱者、失败者，而那些意志坚强的人才是少数的成功者。

英国议员福韦尔·柏克斯顿说："随着年龄的增长，我越来越体会到，人与人之间、弱者与强者之间、大人物与小人物之间，最大的差异就在于意志的力量，即所向无敌的决心。一个目标一旦确立，那么，不在奋斗中死亡，就要在奋斗中成功。具备了这种品质，你就能做成在这个世界上可以做的任何事情。否则，不管你具有怎样的才华，不管你身处怎样的环境，不管你拥有怎样的机遇，你都不能使一个两脚动物成为一个真正的人。"

杜邦公司创始人伊雷尔的哥哥维克多可以说是一表人才，他能说会道，仪表堂堂。他是一个社交明星，给每个人留下的第一印象都是完美的。但是熟悉他的人知道，他仅仅是个奢华浮躁的公子哥儿，没有坚强的意志力。如果派他外出考察，他回来后拿不出多少有价值的商业情报，却能绘声绘色地描述旅途中的美味佳肴和美女。伊雷尔做火药买卖时，维克多在纽约给他做代理。然而，在花天酒地的生活中，维克多挥金如土，并最终导致了公司的破产。

伊雷尔则是截然相反的人。他身材不高，相貌平平，但在学习和工作中有股百折不挠的坚韧劲。小时候在法国，家境还很宽裕的时候，他受拉瓦锡的影响，对化学着了迷。那时候他父亲皮埃尔是路易十六王朝的商业总监，兼有贵族身份，谁也想不到这个家庭在未来的法国大革命中会险遭灭顶之灾。拉瓦锡和皮埃尔谈论化学知识的时候，小伊雷尔总是稳稳当当地坐在旁边，竖起耳朵听着，他对"肥料爆炸"的事尤其感兴趣。拉瓦锡喜欢这个安安静静的孩子，并把他带到自己主管的皇家火药厂玩，教他配制当时世界上质量最好的火药。这为他将来重振家业奠定了基础。

若干年后，他们全家人逃脱法国大革命的血雨腥风，漂洋过海来到美国。他的父亲在新大陆上尝试过7种商业计划——倒卖土地、货运、走私黄金……全都失败了。在全家人垂头丧气的时候，年轻的伊雷尔苦苦思索着振兴家业的良策。他认识到，目前战火连绵，盗匪猖獗，从事商品流通业有很大的风险，与其这样，倒不如创办自己的实业。但是有什么可以生产的呢？这个问题萦绕在他脑海里，就连游玩时他也在想。有一天，他与美国陆军上校路易斯·特萨德到郊外打猎，他的枪哑了3次，而上校的枪一扣扳机就响。上校说："你应该用英国的火药粉，美国的太差劲。"一句话使伊雷尔茅塞顿开。他想：在战乱期间，世界上最需要的不就是火药吗？在这方面，我是有优势的，向拉瓦锡学到的知识，会让我成为美国最好的火药商。后来，他就凭着百折不挠的毅力，克服了许多困难，把火药厂办了起来，办成了举世闻名的杜邦公司。

由此可见，天才、运气、机会、智慧和态度是成功的关键因素。除了机会和运气之外，上面这些因素在人生征程中的确重要。但是，仅具备一些或者所有这些因素，而没有坚强的意志，并不能保证成功。历史上有很多事例可以证实：那些取得辉煌成就的人都有一个共同特征，即目标明确、不屈不挠、坚持到底、不达目的绝不罢休。

　　在人生的道路上，出发时装备精良的人不在少数，这些人有着过人的天资、有机会接受良好的教育、有社会地位——这一切本该使他们平步青云。但是，这些人往往一个接一个地落在了后面，为那些智力、教育和地位远不如他们的人所超越了，而那些赶超他们的人在出发时往往从未想到自己能超过这些装备如此精良的人。那么，这是为什么呢？个人意志力的差异解释了这一切。没有强大的意志力，即使有着最优秀的智力、最高深的教育和最有利的机会，那又有什么用呢？

　　从通俗的意义来讲，意志力的发展对于一个人的成功有举足轻重的作用。没人能够预测意志的力量到底有多大，和创造力一样，意志力根植于人类伟大的内在力量的源泉之中，这是人人都有的一种来源于自我的力量。

　　这种坚忍不拔的毅力非常重要，如果没有坚强的意志和顽强的毅力，在如今这个充满着各种诱惑的社会中还能有什么机会呢？想要在竞争激烈的环境中脱颖而出，就必须成为一个果敢而有坚定信念的人。

　　通过考察一个人的意志力，可以判断他是否拥有发展潜力，是否具备足够坚强的意志，能否坚忍地面对一切困难。而且，人们都会信任一个坚忍不拔、意志坚定的人。不管他做什么事情，还没有做到一半，人们就知道他一定会赢。因为每一个认识他的人都知道，他一定会善始善终。人们知道他是一个把前进路上的绊脚石作为自己上升阶梯的人；他是一个从不惧怕失败的人；他是一个从不惧怕批评的人；他是一个永远坚持目标，永不偏航，无论面对什么样的狂风暴雨都镇定自若的人。

第二节

意志力可以培养吗

　　只有通过夜以继日、坚持不懈的努力，我们才能培养出坚强的意志力，它可以面对一切困难的挑战。这种自我训练的过程是循序渐进的，而最终使意志力达到较高境界所需的时间也因人而异。但是，培养这种坚强的意志力所花费的血汗和代价，与这种意志力对我们的人生所具有的巨大价值相比，又是多么的微不足道。

意志力训练提升个人素质

　　一个有心修炼和提升自己意志力的人，将获得无比巨大的力量，这种力量不仅能够完全地控制一个人的精神世界，而且能够引导人的心智达到前所未有的高度——此时，一个人从未设想能拥有的智能、天赋或能力都变成了现实。

人需要培养意志力

意志力对于人的发展至关重要，人需要培养自己的意志力。

我们可以通过有意识地运用各种激励方法和教育而使意志力得到锻炼和加强，并且还可以通过完成每个具体行为目标来培养意志力。强大的愿望潜藏在每个人的内心深处，但是在受到召唤之前，它默默地沉睡在那里，人们忽视了它的存在。正因为如此，对个人意志力的科学训练总会产生奇迹。

生活中，许多人的意志力都亟待加强，然而令人不可思议的是，很少有作品对这个问题进行专门论述。在现代教育体系中，人们很少重视对意志力的培养这一问题。在关于教育学和心理学的著作中，时常有文章指出意志力培养的重要性，但是关于个人该如何培养意志力的论述，却显得苍白无力，言之甚少。培养意志力的重要性确实非同寻常，因为它往往能够决定一个人的命运，甚至它的影响要超过智力的影响。

一个铁块的最佳用途是什么？第一个人是个技艺不纯熟的铁匠，而且没有要提高技艺的雄心壮志。在他的眼中，这个铁块的最佳用途莫过于把它制成马掌，他为此竟还自鸣得意。他认为这个粗铁块每千克只值四五分钱，所以不值得花太多的时间和精力去加工它。他强健的肌肉和三脚猫的技术已经把这块铁的价值从

1元提高到10元了，对此他已经很满意了。

此时，来了一个磨刀匠，他受过一点更好的训练，有一点雄心和更高一点的眼光，他对铁匠说："这就是你在那块铁里见到的一切吗？给我一块铁，我来告诉你，头脑、技艺和辛劳能把它变成什么。"他对这块粗铁看得更深些，他研究过很多锻冶的工序，他有工具，有压磨抛光的轮子，有烧制的炉子。于是，铁被熔化掉，碳化成钢，然后被取出来，经过锻冶，被加热到白热状态，然后投入冷水或石油中以增强韧度，最后细致耐心地进行压磨抛光。当所有这些都完成之后，奇迹出现了，他竟然制成了价值2000元的刀片。铁匠惊讶万分，因为自己只能做出价值仅10元的粗制马掌。经过提炼加工，这块铁的价值已被大大提高了。

另一个工匠看了磨刀匠的出色成果后说："如果依你的技术做不出更好的产品，那么能做成刀片也已经相当不错了。但是你应该明白这块铁的价值你连一半都还没挖掘出来，它还有更好的用途。我研究过铁，知道它里面藏着什么，知道能用它做出什么来。"

与前两个工匠相比，这个匠人的技艺更精湛，眼光也更犀利，他受过更好的训练，有更高的理想和更坚韧的意志力，他能更深入地看到这块铁的分子——不再囿于马掌和刀片。他用显微镜般精确的双眼把生铁变成了最精致的绣花针。他已使磨刀匠的产品的价值翻了数倍，他认为他已经榨尽了这块铁的价值。当然，制作肉眼看不见的针头需要有比制造刀片更精细的工序和更高超的技艺。

但是，这时又来了一个技艺更高超的工匠，他的头脑更灵活，手艺更精湛，更有耐心，而且受过顶级训练，他对马掌、刀片、绣花针不屑一顾，他用这块铁做成了精细的钟表发条。别的工匠只能看到价值仅几千元的刀片或绣花针，他那双犀利的眼睛却看到了价值10万元的产品。

也许你会认为故事应该结束了，然而，故事还没有结束，又一个更出色的工匠出现了。他告诉我们，这块生铁还没有物尽其用，他可以让这块铁造出更有价值的东西。在他的眼里，即使钟表发条也算不上上乘之作。他知道用这种生铁可以制成一种弹性物质，而一般粗通冶金学的人是无能为力的。他知道，如果锻铁时再细心些，它就不会再坚硬锋利，而会变成一种特殊的金属，富含许多新的品质。

这个工匠用一种犀利的、几近明察秋毫的眼光看出，钟表发条的每一道制作工序还可以改进；每一个加工步骤还能更完善；金属质地还可以精益求精，它的每一条纤维、每一个纹理都能做得更完善。于是，他采用了许多精加工和细致锻冶的工序，成功地把他的产品变成了几乎看不见的精细的游丝线圈。一番艰苦劳作之后，他梦想成真，把仅值1元的铁块变成了价值100万元的产品，同样重量的黄金的价格都比不上它。

但是，铁块的价值还没有完全被发掘，还有一个工人，他的工艺水平已是登峰造极。他拿来一块钢，精雕细刻之后所呈现出的东西使钟表发条和游丝线圈都黯然失色。待他的工作完成之后，你见到了几个牙医常用来勾出最细微牙神经的精致钩状物。1千克这种柔细的带钩钢丝，如果能收集到的话，要比黄金贵几百倍。

此刻，你一定会对铁块的潜力产生新的认识吧。当铁块被当作废铁被孤零零地扔弃在垃圾堆里时，你是否曾经思量过它有着未被开发的巨大的价值？其实，故事中的铁块就是你自己，故事中的工匠也是你自己。一个人要成为有多大价值的人才，取决于你对自己的锻造。一块质地粗糙的铁块经过千锤百炼之后，会变得更硬更纯更有韧性，成为非常有价值的可用之材。而一个由肉体、思想、道德和精神力量完美结合在一起的人，同样经过千锤百炼之后，他又会产生多么大的价值呢？你也要学工匠把你自己这块材料加工成器，自觉地接受生活中各种痛苦的考验，生活中逆境的打击、贫困与痛苦中的挣扎、灾难与丧失之痛的刺激、艰苦环境的压迫、忧患焦虑的折磨、令人心寒的冷嘲热讽、经年累月枯燥的教育求索和纪律约束带来的劳累，你经受住并与之斗争，你在各种挑战中，独具匠心、锲而不舍地锻造自己，最终，生活的各种磨砺只会促使你更强大，更魅力非凡，更超凡脱俗。

那些逃避考验与磨难的人是懦夫，是庸人，是无药可救的失败者。一块铁经过日晒雨淋就会生锈，变得毫无价值；人的意志也一样，如果不经常努力去完善它、考验它、增强它的韧性，它也会腐蚀掉。

做一个像马掌一样普通的铁块并不是难事，但是要提高人生这个产品的价值就绝非等闲之事了。很多人都认为自己的天赋低劣，不如别人。但只要你愿意，通过耐心苦干、学习和斗争，就可以把自己从粗笨的马掌千锤百炼成精细的游丝。只要持之以恒、坚忍不拔，就可以把原材料的价值提升至令人难以置信的程度。

操控你的意志力

一个有着坚强意志力的人，便有无穷的力量。不论做什么事都要有坚强的意志，应当坚信任何事情只有付出极大的努力才能获得成功。

人的意志力有着极大的力量，它能克服一切困难，不论所经历的时间有多长，付出的代价有多大，无坚不摧的意志力终能帮助人们到达成功的彼岸。

一个能控制自己意志力的人，也就拥有了自我引导的伟大力量。这种巨大的力量可以实现他的期待，完成他的目标。如果他的意志力坚固得跟钻石一样，并以这种意志力引导自己朝着目标前进，那么他所面对的一切困难，都会迎刃而解。

如果你见到一个年轻人，他用斩钉截铁的态度去实施他的计划，而丝毫没有"如果""或者""但是""可能"的念头，那么这样的年轻人，就拥有了强大的意志力，成功也必定会属于他。

凡有明确目标、并能照着既定程序去做的人，便能坚定自己的意志力，而这种意志力足以支撑他的成功。

人人都应该去争取理想的自由，因为只有自由地张扬自己的理想，才能创造出宏大、完美的成就。如果一个人不去争取理想的自由，不以实现最高人生目的为要务，那么不论他多么尽心尽职，多么发奋努力，他的一生也不会有大的成就。

如果一个人无法控制自己的意志力，那么他就很难获得持之以恒的信心，也就失去了发明与创造的可能性。有许多年轻人最初很热心于他们自己的事业，但是由于缺乏意志力与恒心，竟然在一夜之间就放弃了自己原有的事业，而去进行别的事业。他们常常对自己所处的位置、所拥有的才能表示怀疑。他们不知道他们的才能怎样加以利用才会最有价值。面对困难，他们常常感到灰心，甚至是沮丧。当他们听到某人成就了某项事业，他们便开始埋怨自己，为何自己不也去做同样的事业，而不检讨自己由于意志力不坚定，浪费了多少成就事业的机会。

可以肯定地说，如果一个人经常放弃他一贯期待的目标，经常松懈自己的意志力，他就绝不会成为一个成功者。

要使自己的生命具有特殊意义，要与众不同，就要做高尚的事情。无论历时多么久远，无论面临多少艰难曲折，绝不可放弃成功的志向和希望。

任何想要获得成功的人都必须谨记下面的格言：有志者，事竟成，破釜沉舟，百二秦关终属楚；苦心人，天不负，卧薪尝胆，三千越甲可吞吴。

"噢，好样的，那些有着强健意志的人们！"丁尼生这样写道，所有时代和每个国家的诗人们都曾唱颂过同样的赞歌。丁尼生说出了人类对这一意志力的崇敬和爱慕。他还说道："充满了活力的意志，你将永恒，而那些没有你的人只能为你震惊。"

人类的意志是一件很奇怪、很微妙、无法触摸，但却非常真实的东西，它与每个人最深处的自我有着紧密的联系。

人类的意志是一种活生生的力量，和电、磁或其他任何自然的力量一样。意志和能量、引力一样真实。从原子到人，愿望和意志都是存在的，首先是做某事的欲望，然后是要做成它的意志。这是一个不变的法则，存在于所有不同形状、不同级别的事物之中，不管是有生命的，还是无生命的。

对于知道如何运用意志力的人来说，没有什么是不可能的，只要他的意志足够强健。意志力在很大程度上取决于一个人是否相信自己的能力，或者说行动取决于信心。在正常情况下，一般人不相信自己有独立的意志。只有当出现了新的、出乎意料的要求，当有必要运用意志的时候，许多人才意识到他们有这样一种东西叫作意志。对许多人来说，甚至连这样的情况也不会发生。

意志不是固执。有着坚强意志的人知道何时撤退也知道何时进攻，他从不站在原地。如果条件允许他会后退一步，但后退只是为了下一次更

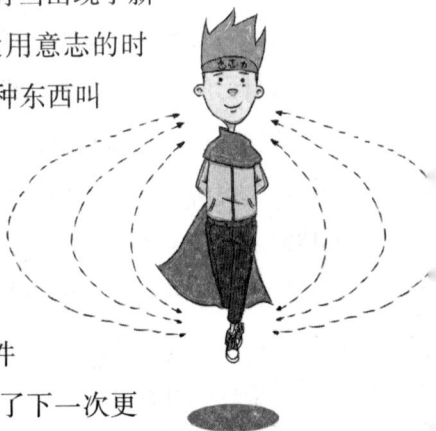

好的开始，因为他总有一个明确的目标在心头。当意志让他前进时，他会像一艘强劲的汽船一样迎头赶上，强大而有力，不会为任何事而停下来。这一种精神状态在慈善家兼作家霍华德的引文中有最好的描述。

"他决心的力量是如此之大，只有在某些特别的情况下才有所表现。如果这不是某种习惯的行为的话，这一种力量会看起来太过强烈、鲁莽，但是因其并不是断断续续的行为，它才具有了某种沉静的力量。它不会超过平静坚定的界限，更不会煽动起混乱。那是一种强烈的平静，由于人类精神控制着它不会更强烈，由于个人的性格它也不会更平静，而是在其中达成一种统一。"

他相信所有个人力量的基础存在于意志，如果有人想在这个世界上取得任何成就的话，他就必须有坚强的意志。要有坚强的意志，最好的办法就是意识到你缺少意志力，然后不停地对自己说："我可以、我将做成这件事。"反复诵读从最好的文学作品中摘录出来的有关意志力的部分，一点一点在你内心建立起一种不可阻挡的力量，它将能克服想把你从你生命目标拉开的任何诱惑。

有志于在经济上取得成功的人应该有一种特质，也就是一种心理特质，即"我能做到，我将做到"的心理状态。这一特质是两种重要因素的组合。第一是相信自己的能力、力量，这将给人以信心，从而在心理上为意志力的出现铺平道路。第二是坚定自己的意志，当你将所有的力量、决心倾入其中，说"我将做到"的时候，你的意志就会变成一种强大的动态力量，扫清前进道路上的所有障碍。

这一意志力的外现不仅能激活人类大脑休眠着的潜力，还能将所有保存着的气力、精神集中到要完成的任务上。事实上，意志力所能做到的比这还要多，它能以一种强大的力量感染它周围的人，迫使他们对它关注，承认它的存在。在人与人的竞争中有着最坚强意志的人将获得胜利。竞争可能很短，也可能很长，但结局总是一样的：有着坚强意志力的人将获胜。但苏醒的意志力所能做的还不只这些，它还可以隔着很远的距离把人吸引到拥有强烈意志力的人身边。在自然法则的作用下，事物会被推进一个强大意志力构成的中心。环顾你的四周，你会看到有着强大意志力的人建起了一个强大的磁场，伸向四面八方，影响着一个又一个人，吸引着其他的人加入那一意志掀起的运动里。他们能建起巨大的意志的旋涡或是旋风，远近的人都能感受得到。而且事实上所有有着强大意志力的人都不同程度地这样做了，只是依据他们意志力的大小而有所不同。

意志力训练的基本原则

一支普通的竹子，若不历经千雕万琢的艰辛，怎能成为一支演奏悠扬音乐的笛子？一个人的成长，若非经历无数次的磨砺，又哪能培养出坚韧的意志和健全的性情！

注意力是意志力提升的先决条件

要想对意志力进行科学的训练，就必须以注意力的训练作为开端。注意力是精神发展的动力之一。注意力是我们获取精神生活的原始素材，是最普通的探索工具。然而，能充分注意到自己的感觉、又能很好地利用自己感觉器官的人确实是太少了。这是被人们忽视的一大领域。

注意力是有目的地将心理活动长时间地集中于某一事物或某些事物上的能力，它是智商的重要构成部分。成功者往往具有更好的注意力，对人生和事业更专注、更执着。良好的注意力首先表现在注意力的范围上，即注意力在同一时间内所能清楚地抓住对象的数量，也就是在同一时间里能同时注意到多少问题的出现。善于控制自己的注意力，这样它就能根据我们的需要，具有一定的指向性、集中性和稳定性，继而提高我们的智能水平。注意力的集中与稳定是深入认识客观事物、提高工作效率的必要条件。

然而，我们生活在一个丰富多彩、纷繁复杂的世界上，各种对感官刺激的物质纷至沓来，让我们目不暇接。它分散了我们的注意力，妨碍了大脑皮质优势兴奋中心的形成和稳定，从而影响了我们对某一特定事物清楚、深入地认识。因此，我们必须加强注意力的调控能力。

从前，有个棋艺大师名叫弈秋。为了不让弈秋高超的棋艺失传，人们为他挑选了两个小孩子做徒弟。这两个小家伙都聪明得很，无论学什么都是一学就会，老百姓对这两个孩子寄予了很大的希望。

在学棋的过程中，一个孩子专心致志，一心一意地学，弈秋老师所讲的每一句话，他都牢记在心。另一个孩子却整天三心二意，漫不经心的，他把老师的话全当成耳旁风。一天，他又在胡思乱想，想象着天上飞来一群天鹅，自己立即拉弓射箭，好几只天鹅"扑啦啦"落下来，啊！好肥的天鹅呀！是烤着吃好，还是煮着吃好呢？他心里盘算着，嘴里流出了口水，心也早就飞到了天空中……

就这样日复一日，年复一年，结果是，在同一个老师的教导下，学出了一个超越弈秋的著名棋圣和一个一无所长的庸人。

歌德这样说："你最适合站在哪里，你就应该站在哪里。"这句话可以作为对那些三心二意者的最好忠告。

无论是谁，如果不趁年富力强的黄金时代去养成善于集中精力的好习惯，那么他以后一定不会有什么大成就。世界上最大的浪费，就是把一个人宝贵的精力无谓地分散到许多不同的事情上。一个人的时间有限、能力有限、资源有限，想要样样都精、门门都通，绝不可能办到，如果你想在任何一个方面做出什么成就，就一定要牢记这条法则。

那些富有经验的园丁往往习惯把树木上许多能开花结实的枝条剪去，一般人都觉得很可惜。但是，园丁们知道，为了使树木能茁壮成长，为了让以后的果实结得更饱满，就必须要忍痛将这些旁枝剪去。若要保留这些枝条，那么将来的总收成肯定要减少

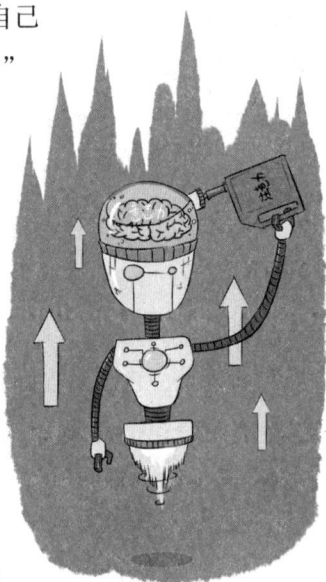

无数倍。人也是这样，人若过多地分散了自己的精力，就会浮光掠影，一无所长。只有将注意力集中于一个点，并不断地努力下去，才能最终有所收获。

那么，我们该如何培养自己的专注力呢？

（1）提高参加活动（工作或学习）的自觉性，明确活动的目的和任务。如果一个人对自己所从事的活动的社会意义与个人意义有明确的认识，对这一活动的具体目的与任务有明确的了解，那他就一定能提高注意力集中的水平，使自己专心致志、聚精会神地去从事这一活动。

（2）选择清除头脑中分散注意力、产生压力的想法，使自己完全沉浸于此时此刻，集中注意力于一些平静和赋予能力的工作上，以便专心于所必须解决的问题，清晰的思考，富有创造力，做一些有质量的决定，较大程度地提高自身的效率。

（3）增强兴趣，激发情感，使自己津津有味、乐不知疲地进行活动。注意力与兴趣、情感的关系非常密切，一个对自己所从事的活动具有浓厚兴趣和热烈情感的人，他在活动时就一定能全神贯注、专心致志。

（4）一次只专心地做一件事，全身心投入并积极地希望它成功，这样你的心里就不会感到精疲力竭。不要让你的思维转到别的事情、别的需要或别的想法上去。专心于你已经决定去做的那个重要项目，放弃其他所有的事。

你可以把你需要做的事想象成是一大排抽屉中的一个小抽屉。你的工作只是一次拉开一个抽屉，令人满意地完成抽屉内的工作，然后将抽屉推回去。不要总想着所有的抽屉，将精力集中于你已经打开的那个抽屉。一旦你把一个抽屉推回去了，就不要再去想它，这样，你就不会因为干扰而分心了。

（5）养成深入思考的习惯。一个肯开动脑筋、积极思考的人，他就会为活动所吸引，从而使自己沉湎于活动之中；反之，一个浅尝辄止、懒于思考的人，他在活动中，就会如蜻蜓点水，无法使自己的注意力保持高度的集中。因此，我们为了引起并保持专心的注意状态，就必须使自己养成深入思考的习惯。

（6）保持身体健康，使自己有足够的活力和精力去进行活动。我国著名数学家张素诚说："要做到专心，就要身体好。身体不好，常想找医生看病，就专心不了。"

（7）注意适时休息。研究表明，如果人们在一天中经常得到能够缓解压力的休息，那么我们的工作效率将会高得多。事实上，我们必须通过休息来加快速度和改进自己的工作。同时，通过转移我们的注意力，能使我们从旧框框中解脱出来，解放我们成就事业的创造力。

重新控制思维的一种方法是停止工作，让大脑得到休息。

一旦你感到大脑有点僵化，不能很好地思考问题或不能集中注意力时，停止你手中的工作，让大脑得到片刻休息。站起来，走一会儿，喝杯水，跟别人交谈几句，呼吸一些新鲜空气，或者躲到一个安静的地方，参加一项与你的工作毫不相同的活动，让你的大脑完全沉浸在轻松有趣的活动之中。这么做能打断精神压力慢慢地积聚起来的危险过程，缓和大脑的紧张程度，恢复你大脑的思考能力。

运用自我激励的力量

自我激励，即激发自己，鼓励自己，自己激发自己的动机，充实动力源，使自己的精神振作起来。自我激励之所以能够培养意志力，在于自我激励能够激发你成功的信心与欲望，从而使你具备一往无前的动机。

自我激励是激励的一种。有没有激励，人朝目标前进的动力是很不一样的。美国心理学家詹姆士的研究表明，一个没有受到激励的人，仅能发挥其能力的 20% ~ 30%，而当他受到激励时，其能力可以发挥出 90%，相当于前者的 3 ~ 4 倍。可见，自我激励不仅对培养意志力，而且对开发潜能也大有影响。

在现代社会中，学会自我激励是很重要的，这是因为剧变的社会既为人们创造了大量的发展机会，也为人们设置了种种的"陷阱"。当人们处于顺境时，一般容易兴高采烈，甚至忘乎所以；而当人们陷于逆境时，往往不知所措、消极悲观。想干一番事业，干出一点成绩来，就会有许多意想不到的事情发生。挫折、打击会突然降临到你的头上，流言蜚语、造谣中伤会接踵而来，如果碰到一些很会耍心计、玩权术的顶头上司，那么难堪的小鞋、莫名其妙的打击，就会一个接一个。此时，尤其需要自励，使自己保持一颗平常心，重新取得心理平衡，使精神振作起来，保持自己旺盛的斗志。

对于那些意志力不是很强，稍有一点风吹草动、稍稍遭到失败就无法忍受的人，特别需要使用自我激励这种辅助手段来培养意志力。

那么，怎样运用自我激励来培养意志力呢？

首先，必须学会正确认识自己。古人曰："君子不患人之不己知，患不自知也。"认识自己就是认识自己的长处和短处，不将长处当短处，不将短处当长处，绝不护短，绝不自己原谅自己。只有知道了自己遭到失败、挫折的原因在哪儿，才会有的放矢地重新起步，也才有可能培养你的意志力。

怎样认识自己的短处呢？认真反省是一个关键。

自我激励的重要因素是要自己看得起自己。许多人有这样一个毛病：风平浪静时，自是、自爱甚至自负得不得了，而一遇到问题，就妄自菲薄、自暴自弃、消极颓废，有时甚至还想用一些激化矛盾的方式进行对抗。为什么会这样？其实就是因为自己的内心过于自卑、容易自馁，认为自己这也不行那也不行，什么都干不了。因此一定要自尊，要采取切实的措施自己帮助自己，这是自我激励得以实现的重要手段。也就是说，在遇到挫折失败之后，在认真吸取教训的基础上，重新设定奋斗目标，采取一些切实可行的措施，拟定可行性的计划，用一点一点的成功来激励自己，用社会的承认来增强信心，脚踏实地，一步一步前进。

只要你认真地抱着希望，"我希望自己能成功"，或是"我希望自己成为首屈一指的人"，你就一定能找到成功的方法，这就是"贾金斯法则"。

贾金斯博士说："睡眠之前留在脑海中的知识或意识，会成为潜意识，深刻地留在自己的脑海中，并可转化成行动力。"

这个原则经常被我们应用在生活之中。例如，明天要去旅行，必须早上5点钟起床，可是家里又没有闹钟，在这种情况之下，怀着一颗忐忑不安的心入睡，生怕自己睡过了头。结果，早上果然5点钟准时起床。在我们的日常生活中，这种靠着潜意识控制自己生理时钟的例子，一年总有几次。

再例如，有些人每晚临睡前一定要看一点书，这就是利用心理学上的记忆原则来增强记忆。如果你认为自己的意志薄弱，那就对自己说："我一定可以加强自己的意志。"例如，你看到一位很有希望的顾客，你就假想自己很成功地和这位顾客签约的情景。只要你有信心，这种自信心就能让你成为很有魅力的人。这样，每晚就寝前想一次，你就能锻炼意志力。

但是，运用这个方法时要注意下面几点。

（1）做好睡眠的准备之后再上床。

（2）声音不可太大。不要一边听收音机，一边行动。

（3）读书或自我期许之后就睡觉。

（4）上了床之后就不要再下床做别的事。

现在就剩下实行了。不，应该说是持续地实行。首先要让自己具有清楚的意识，然后不断地实行，这样你就能够不断地进行自我激励，你的人生就能逐渐步向成功之路。

另外，自我暗示也是一种典型的自我激励的方法，是培养意志力的很好的辅助手段。

所谓"人若败之，必先自败"。许多具有真才实学的人终其一生却少有所成，其原因在于他们深为令人泄气的自我暗示所害。无论他们想开始做什么事，他们总是胡思乱想着可能招致的失败，他们总是想象着失败之后随之而来的羞辱，一直到他们完全丧失意志力和创造力为止。

对一个人来说，可能发生的最坏的事情莫过于他的脑子里总认为自己生来就是个不幸的人，命运之神总是跟他过不去。其实，在我们自己的思想王国之外，根本就没有什么命运女神。我们就是自己的命运女神，我们自己控制、主宰着自己的命运。

在每个地方，尽管都有一些人抱怨他们的环境不好，他们没有机会施展自己的才华，但是，就是在相同的条件下，有一些人却设法取得了成功，使自己脱颖而出，天下闻名。这两种人最大的区别就在于自我暗示的不同，前者始终抱着必败的心态，而后者则始终坚信自己会成功。

成功是不可能来自于自认为失败的自我暗示的，就好像玫瑰是不可能来自于长满蓟草的土壤一样。当一个人非常担心失败或贫困时，当他总是想着可能会失败或贫困时，他的潜意识里就会形成这种失败思想的印象，因而，他就会使自己处于越来越不利的地位。换句话说，他的思想、他的心态使得他试图做成的事情变得不可能了。

我们的不幸，或是我们自己认为的所谓"残酷的命运"，其实与我们的自我暗示有莫大的关系。我们经常看到有些能力并不十分突出的人却干得非常不错，而我们自己的境况反不如他们，甚至一败涂地，我们往往认为有某种神秘的力量在帮他们，而在我们身上总有某种东西在拖我们的后腿。但是，实际上却是我们的思想、我们的心态出了问题。

可以这么说，我们面临的问题便是我们根本不知道该如何提高自己。我们对自己不够严格，我们对自己的要求不够高。我们应该期待自己有更加光辉灿烂的未来，应该认为自己是具有超凡潜质的卓越人物。总之，我们一定要对自己有很高的评价。

无论别人如何评价你的能力，你绝不能怀疑自己能成就一番事业的能力，你应对自己能成为杰出人物怀有充分的信心。而运用自我暗示，能够很成功地增强你的信心。

个人的自我暗示中蕴藏着一笔很大的财富，蕴藏着一笔极大的资本。你在立身行事时，要不断地暗示自己一定会成功，会获得发展、进步。光是这种发展的声音，光是这种积极进取的声音，光是这种能有所成就的声音，光是这种在社会中举足轻重的声音，就足以激起你无限的潜力。

与情绪的影响力相比，自我暗示更能掌握情绪的控制——尤其不会受到消极想法所左右。当然，在心情平静时，情绪很容易控制；但是当你心情恶劣、充满不安的感觉时，情绪就很难做有效的控制——除非你经由持续的练习和训练！而在自我暗示的状态下，你才有能力练习控制情绪。再者，由于情绪在追求理想时所扮演的角色十分重要，因此学会情绪的控制，在你个人的事业上，将产生重大的影响力。

有这样一段故事：

一位从纽约到芝加哥的人看了一下他的手表，然后告诉他芝加哥的朋友说已经12点了，其实表上的时间要比芝加哥的时间早一个小时。但这位在芝加哥的人没有想到芝加哥和纽约之间的时差，听说已经12点了，就对这位纽约客人说他已经饿了，他要去吃中午饭。

这个故事很有趣，同时也告诉我们自我暗示的作用。只要你给自己一个暗示，那么你的行为就将遵循这一暗示的指导。

一位年轻的歌手受邀参加试唱会，她一直期盼能有这个机会，但是她过去已经参加过3次了，每次都因为害怕失败，最终败得很惨。这位年轻的女士嗓子很好，但是，过去她一直对自己说："轮到我演唱的时候，便担心观众也许会不喜欢我。我会努力，但是我心中充满了畏惧和忧虑不安。"这样消极的自我暗示肯定不能帮助她演唱成功。

她以下面的方法克服了这种消极的自我暗示。她把自己关在房中，一天3次，舒服地坐在一张太师椅中，放松她的身体，闭上她的眼睛，尽可能使她的心灵和身体平静下来。因为身体停止活动，可以形成心智的不抵抗，而使心智更容易去接受暗示。然后她对自己说："我唱得很好，我泰然自若，沉着安详，有信心而镇静。"以此来反击畏惧的提示。她每次都带着感情，缓慢而静静地重复说上5～10次。她每天必定"坐"3次，再加上睡前的一次。一个星期过去以后，她真的完全泰然自若、充满了信心。当试唱会来临的时候，她唱得好极了。

许多抱怨自己脾气暴躁的人，被证明极易接受自我提示，而且能够获得很好的效果。办法是，大约花1个月的时间，每天早晨、中午和晚上临睡之前，对自己说下面的话："从今以后，我将变得更具有幽默感。每天我将变得更可爱，更容易谅解别人。从现在起，我将要成为周围人愉悦和友善的中心，我以幽默感染他们。这种快乐、欢愉和幸福的心情，日渐成为我正常而自然的心志状态。我时时心存感恩。"

和自我激励一样，自我暗示可以给自我以信心，同时暗示的内容本身就是你前进的动力与方向，所以自我暗示可以让你鼓起勇气，一往无前，由此你获得了战胜自我，特别是战胜内心恐惧感的强大意志力。

严格地进行自我修炼

生物学上有一个很著名的实验，被称为"温水效应"：

如果你把一只青蛙扔进开水里，它因突然受到巨大的痛苦刺激，便会用力一搏，跃出水面，置之死地而后生；但如果你把它放在一盆凉水里，并使水逐渐升温，由于青蛙慢慢适应了那惬意的温水，所以达到一定热度时，青蛙并不会再跃出水面，它就在这舒适之中被烫死了。

实验告诉人们一个极浅显的道理：让你感到舒适满足的东西，往往正是导致你失败的原因。青蛙如此，人又何尝不是这样？正所谓"忧劳可以兴国，逸豫可以亡身"。舒适的生活往往使人丧失毅力以及应对挫折的能力。当危机突然来临，人们往往就会不堪一击。因此，我们无论在何种情况下，都应保持一种危机意识，并自觉地磨炼自己的意志力。

战国时期著名纵横家苏秦第一次游说失败后回到家里，一副狼狈的样子，一家人很不高兴，都看不起他。在家人的责怪下，苏秦非常难过。他想：我就这么没出息吗？出外游说、宣传我的主张，人家为什么不接受呢？那一定是自己没有把书读好，没有把道理讲清楚。于是他暗暗下决心，要把兵法研习好。

白天，他跟兄弟一起劳动，晚上就刻苦学习，直到深夜。夜深人静时，他读着读着就疲倦了，总想睡觉，眼皮特别沉重，怎么也睁不开。为了治瞌睡，他找来一把锥子，当困劲上来的时候，就用锥子往大腿上一刺，血流出来了，疼痛难忍，但人也不再瞌睡了。精神振作起来，他又继续读书。

苏秦就这样苦读了一年多，掌握了姜太公的兵法，他还研究了各诸侯国的特点以及它们之间的利害冲突。他又研究了各诸侯的心理，以便于游说他们的时候，自己的意见、主张能被采纳。

后来，他的才华终于得到了大家的认可，六国诸侯正式订立合纵的盟约，大家一致推苏秦为"纵约长"，把六国的相印都交给他，让他专门管理联盟的事。

苏秦"合纵"的成功来自于他的真才实学。但这种真才实学不付出努力是很难取得的。尽管苏秦当时已有家室，年龄也不算小了，但他能够发愤图强，克服万难，并不惜用"锥刺股"的方法来刺激自己保持一颗清醒的头脑去学习，他严格要求自己的精神，实在值得大家学习。

生活中，拥有坚强意志的人，并不是天生就具有强大的意志力的，而是经过严格修炼而来的。锻炼意志必须讲究三严：严肃、严格、严厉。首先，对锻炼意志必须怀着严肃的态度。同时还必须严格要求自己，如果对自己放松要求，一味放纵自己，意志锻炼又从何谈起呢？再者，要严厉地对待自己，一旦意志薄弱，要严厉地惩罚自己。只有做到"三严"，才能真正锻炼出钢铁般的意志。

没有严格要求，就不可能有意志的锻炼和铸造。任何一项培养意志的练习和锻炼，都要以严格要求为前提。没有严格要求，即使进行锻炼，其效果也会大打折扣。那些"下次再努力吧"，"明天再也不这样了"的借口，都是培养意志的大敌。

原女排教练袁伟民在训练女排时就有个"狠"劲。平时，他非常关心、爱护女排队员，待她们和蔼、亲切，对她们的生活关心备至。可一上了训练场，他的要求便非常严格。女队员累得浑身出汗如水洗一般，他又扔过去一个球，"继续练"；女队员累得趴在地上起不来了，他又扔过去一个球，"还得练"。他知道，不这样练是练不出世界冠军的，也正是凭着这股狠劲，我们的女排姑娘们才在世界运动赛场上取得了骄人的成绩。

意志力锻炼要秉持严格的原则，并在实际行动中坚持下去。

因为在意志力的锻炼过程中，常有与既定目的不符合的、具有诱惑力事物的吸引，这就要求我们学会控制自己的感情，排除主客观因素的干扰，目不旁顾，使自己的行动按照预定方向和轨道坚持到底。而任何见异思迁、半途而废的行为，都只会使意志力锻炼前功尽弃，徒劳无功。

当然，我们对意志力的培养也不必一味强调苦练，而要把"苦练"与"趣味"结合起来，才能激发出更大的热情，将意志力锻炼坚持下去，并取得良好的效果。

训练效果源自合理的安排

训练的效果在很大程度上取决于合理的活动安排。这就要求不仅要有科学系统的训练，还要注意休息，做到劳逸结合。

1. 意志力训练要循序渐进

意志力训练应按照意志发展的特点，针对不同的年龄阶段，在循序渐进的过程中使意志得到锻炼。

任何良好的意志品质的形成，都不是一朝一夕的事，总有一个逐步发展、逐渐巩固的过程。因此，意志力的锻炼不可能一蹴而就。另外，各年龄阶段的人，都有各自阶段的生理心理特点，也就是在意志发展上呈现出不同的年龄特征。意志的年龄特征是分阶段的，各阶段是相互衔接由低到高逐步发展的。这也决定了意志培养要循序渐进。

因此，我们应当针对自己的年龄特征、个性特性和意志发展的阶段，选择相应的锻炼方式。应保持意志锻炼的活动的难易适中，太容易了不能达到锻炼意志的目的；太难了，则不仅有损于身心健康，还会降低自信心。按照循序渐进原则，难度应逐步增高，就像爬坡一样，一步步地向高处攀爬。

有这样一个两只虫子的故事。

第一只虫子跋山涉水，终于来到一株苹果树下。它抬头看见树上长满了红红的、可口的苹果，馋得口水直流。当它看到其他虫子往上爬时，自己也就着急地跟着往上爬。但它没有目的，也没有终点，更不知自己到底想要哪一个苹果，也没想过怎样去摘取苹果。它的最后结局呢？也许找到了一个大苹果，幸福地生活着；也可能在树叶中迷了路，一无所获。

第二只虫子可不是一只普通的虫，它做事有自己的规划。它知道自己要什么苹果，也知道苹果是怎么长大的。因此它没有忘记带着望远镜观察苹果，它的目标并不是一个大苹果，而是一朵含苞待放的苹果花。它计算着自己的行程，估计当它到达的时候，这朵花正好长成一个成熟的大苹果，它就能得到自己满意的苹果了。结果它如愿以偿，得到了一个又大又甜的苹果，从此过着幸福快乐的日子。

遵循"循序渐进"法则锻炼意志，可以从身边的小事做起。例如，早上闹钟响了，却不愿意起床，这时你要命令自己立即起来。这就是对自己懒惰的挑战，去赢得对自己的一个小小的胜利，增强信心。这样，从生活中的小事着手，循序渐进，久而久之，你的意志就会变得非常坚强。

2.实行全面综合的系统性训练

一个人良好意志品质的形成，是与其知识技能、道德品质以及健康体魄的发展分不开的。坚持系统性原则，就是把意志锻炼与日常的学习生活有机地联系起来，不能单纯地进行所谓意志锻炼，而是把意志锻炼作为德智体全面发展的有机组织部分。

首先，一个人的意志发展与其思维和语言的发展有密切关系。运用思维和语言的力量，可以对意志产生一种激励作用，加强语言和思维训练，这对意志的发展是大有裨益的。

其次，良好的意志品质与一个人的道德品质密切相关。一个人若想树立远大而崇高的抱负，能使个人行为服从于社会道德准则，才是意志坚强的人。而且，人的有些意志行动，本身就是道德行为，从这个角度说，道德意志又是一个人品德的有机成分。

再次，意志锻炼与身体锻炼相互联系。我们看到的事实是，在相似条件下，体魄健全的人往往更能保持坚强的毅力，并将行动坚持到底。锻炼身体的过程也是锤炼意志的过程。

3. 制订出科学有序的计划

计划要前紧后松，先难后易。首先，计划应分阶段进行。一个长达一个月的计划，分成四周进行，每周分别明确任务、明确目标，非常便于检查进度。阶段数以三至五个为宜，如果每个阶段里的时间都很长，大阶段里可以套小阶段，每个阶段总结一下计划完成情况，提前的可以小庆祝一下，拖后了则要尽快弥补。"周"和"月"这两个单位实在是很好用的，不过也要见机行事。

其次，计划要有修改和弥补的余地，并且这个余地不能影响计划整体的实现进度。如果你的时间紧，就要自己加把劲，把计划订得更紧一点，好留一点时间在最后一两天，复习完了还能看看有没有什么遗漏。工作更是如此，要有了解全局的能力。

4. 注意劳逸结合

当紧张地行动了一段时间之后，可以听一些使你放松的音乐，或从事一些别的轻松有趣的活动，这有助于你保持一种积极的、富有成效的心理状态。当你休息一阵再继续努力，你会发现你干起来更有劲头，精力也更充沛了。

意志力提高的基本方法

水滴可以穿石，绳锯可以断木。如果三心二意，哪怕是天才，也势必一事无成；只有仰仗坚忍不拔的意志力，日积月累，才能看到梦想成真之日。勤快的人能笑到最后，耐跑的马才会脱颖而出。

用认知引导意志力

为什么把"用认知引导意志力"作为意志力锻炼的一个基本方法？让我们先来看看下面这则人物故事。

巴尔扎克的父母一心想让巴尔扎克在法律界出人头地，于是在巴尔扎克中学毕业后，他们便强迫巴尔扎克到巴黎的一所大学学习法律，并让巴尔扎克早早地去律师事务所实习。可是，巴尔扎克对法律这在当时又有名声又赚钱的专业并不感兴趣，他真正喜欢的是文学，他希望能用自己的笔描绘人世百态，鞭笞社会的丑恶现象。尤其是在律师事务所实习期间饱览了巴黎社会种种腐朽不堪的面貌后，他更加坚定了做一个文人的决心。

巴尔扎克的父母见儿子决心已定，也不好强行阻挡，便跟巴尔扎克签订了一份协议：必须在两年内成名，否则就要服从父母的安排，继续攻读法律。巴尔扎克的父母虽然表面上与儿子签订了协议，却对巴尔扎克的生活费用一扣再扣，让这位过惯了好日子的年轻人不得不放下架子，住到贫民窟的阁楼去。他们认为这样，巴尔扎克尝到苦头后，就会知难而退了。可是，巴尔扎克是一个意志坚定的人，他执着地追求着理想，他在半饥半饱的状态下夜以继日地创作。半年过后，巴尔扎克饱含心血和激情的处女作——诗体悲剧《克伦威尔》脱稿了，可是，上演后观众的全盘否定，给这位满怀期望的青年当头一击！

首战失利的巴尔扎克一边顶着家中的压力，一边承受着自尊心的敲打。另外，这时他想从印刷出版业中赚一笔钱的梦想也破灭了，而且还身负巨额债务。处在这样的关头，是退缩，还是坚持？巴尔扎克很快从困境中抬起头来，毅然在拿破仑像的立脚点写下了那句著名的座右铭：我要用笔完成他用剑未能完成的事业。

就这样，饱尝磨难的巴尔扎克凭借着坚忍不拔的斗志，踏上了严肃的、真正意义上的文学道路。从19世纪30年代到19世纪50年代这段时间里，巴尔扎克每天工作18个小时。贫穷、饥饿、债务、孤独一直围绕着他、纠缠着他，但这些全被他抛到九霄云外，他全身心地投入到写作中。随着一部部反映社会现实的气势恢弘的经典巨著的问世，巴尔扎克终于成为举世瞩目的伟大文学家。

巴尔扎克顽强的意志源于什么？源于对真理的认识和追求。

由巴尔扎克的事迹，我们可以看出意志与认知过程密切相关，意志的产生是以认知活动为前提的。

（1）意志的自觉目的性取决于认知活动。人的任何目的都不是凭空产生的，它是人认知活动的结果。人只有认识了客观世界的运行规律，认识了自身的需要和客观规律之间的关系，才能自觉地提出和确定切合实际的行动目的。

（2）意志过程的调节依赖于认知。在意志行动过程中，要随时认识形势的不断变化，分析主客观条件，根据新的认识调节自己的行动，以矫正偏差，加速意志行动的过程，以最终实现目的。

（3）实现目的的方法等也只有通过认知活动才能形成。目的的实现，必须有一定的方式和方法以及有关步骤等才行，这些方法也只有在认知活动中才能掌握。人的认知越丰富越深入，选择的方式和方法也就越合理。人为了确定目的，为了选择方法和步骤，必须要依据相关的认识，从实际情况出发，拟定合理有效的活动方案，编制切实可行的行动计划，并对这一切进行反复的权衡和斟酌。

（4）困难的克服也与认知有关。人只有对困难的性质有了清楚的了解，并具备了相应的知识，才有可能采取相应的办法去克服它。如果对困难的性质没有清楚透彻的认知，头脑中没有相应的方案，人们对困难的克服只能是盲目的，因而也就很难收到应有的效果。

既然人的意志是在认知基础上产生的，所以在意志锻炼中，我们就理所当然地应以认知引导作为首先的基本方法。

我们应该怎样运用认知引导法来锻炼意志呢？

（1）增加自己的科学文化知识。人只有掌握知识、运用知识，才能认识客观规律，有效地影响客观世界，充分实现意志的能动作用，从而形成良好的意志品质。相反，愚昧无知的人，满足于现有的一丁点肤浅认识，他们看不到自己的责任与使命，没有上进的意识与动力，他们很容易安于现状，不思进取。

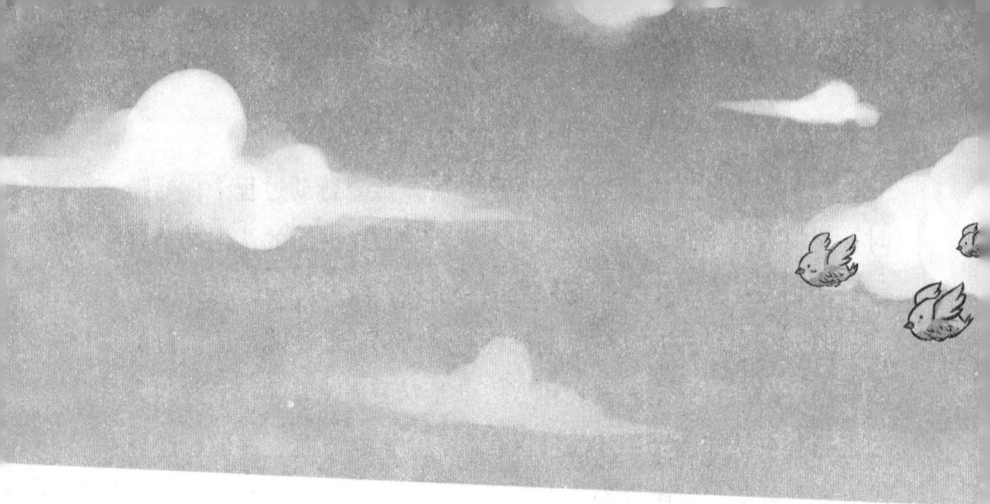

所以，我们应该多读书，认识世界，认识人生，增强才干，增强力量，成为意志坚强的人。要切记，人改造客观世界的能力，是与人对客观世界的认识程度成正比的。

　　（2）形成科学的世界观。世界观是人的认知活动的定向工具，是人的行为的最高调节器。用科学的世界观武装自己，是锻炼自己具有良好的意志品质的基本条件。因为只有树立科学的世界观，才能正确地确立自己的行动目的，并对思想和行为做出实事求是的正确评价，明辨是非、善恶和荣辱。只有树立起科学的世界观，才能具有高度的责任感和使命感，才能在行动中自觉地遵照社会的发展规律，激励自己强大的意志力，去做出有利于社会发展的事情来。

　　（3）掌握有关意志锻炼的专门知识。掌握专门的意志锻炼的知识，有助于引导自己积极主动地锻炼意志。

　　比如可以阅读一些人物传记，获得意志锻炼的感性知识，或是掌握意志力的相关理论知识。这些理性和感性的知识，都会提高我们意志锻炼的效果。

用情感激励意志力

情感是人对客观事物是否符合自己的需要而产生的态度体验。就是说，情感是由客观事物与我们需要的关系决定的。在活动中，人的需要得到满足，就产生肯定的情感，从而对人的行为产生激励作用。强烈而深刻的感情可以给人以巨大的意志力量，从而推动人去克服前路上的一切困难。

宋代大将军李卫，一次带兵杀赴疆场，不料自己的军队势单力薄，他们寡不敌众，被敌军围困在一座小山顶上。

李卫眼见大家士气低落，心想怎么作战呢？于是有一天，将军集合所有将士，在一座寺庙前面，告诉他们："各位部将，我们今天就要出阵了，究竟打胜仗还是败仗？我们请求神明帮我们做决定吧。我这里有9枚铜钱，把它们丢到地下，如果都是正面朝上，表示神明指示此战必定胜利；如果反面朝上，就表示这场战争将会失败。"

听了这番话，部将与士兵虔诚祈祷磕头礼拜，求神明指示。

将军将铜钱朝空中丢掷，结果，所有铜钱都是正面朝上，大家一看非常欢喜振奋，认为是神明指示这场战争必定胜利。

于是，每个士兵都士气高昂、信心十足，他们奋勇作战，果真突出重围，打了胜仗。班师回朝后，有部将就对李卫说，真感谢神明指示我们今天打了胜仗。这时李卫才据实以告："不必感谢神明，其实应该感谢这9枚铜钱。"他把身边的这9枚铜钱掏出来给部将看，才发现原来所有铜钱的两面都是正面。

在这场战斗中，聪明的将军巧妙地运用了铜钱来鼓舞战士们必胜的士气，靠着这股强大的激情，他们最终赢得了战争的胜利。

应该怎样利用情感激励法来锻炼意志呢？

注意培养自己的高级情感需要

（1）培养理智感。理智感是人在智力活动过程中认识、探求或维护真理的需要是否获得满足，而产生的情感体验。这种情感在人的认知活动中有着巨大作用。没有这种理智感的参与，就不可能使认知得到深入。理智感是认知活动的强大动力，它激励人积极地从事各种智力活动，并激发出强大的意志力去克服活动中的困难。

（2）培养道德感。道德感是由道德生活的需要与道德观点是否得到满足而产生的内心体验。道德感从社会生活的各个方面表现出来。它表现在对待祖国、集体、人与人的关系上，也表现在工作、事业、学习等诸方面。杜甫云："会当凌绝顶，一览众山小。"说的就是一种远大的道德情感。古往今来，众多为人类做出重大贡献的英雄豪杰，在他们身上，无不凝聚着这些崇高的道德感。正是这些高尚炽烈的情感，推动他们为理想做出了艰苦卓绝的努力。

（3）培养美感。美感是由审美的需要是否获得满足而产生的情感体验。美感绝不是仅仅有助于人的艺术鉴赏，美感对人的社会生活及其社会行为也具有积极作用。

比如爬山、游泳、打球，可以强健我们的筋骨，锻炼我们的意志；看戏、看电影、游览参观，可以活跃我们的精神，开阔我们的视野；吟诗、读书、绘画，可以丰富我们的知识，陶冶我们的情操；雄浑豪放的音乐，使人精神振奋，斗志昂扬，意气风发；轻松愉快的曲调，能使人心旷神怡；棋类活动、扑克游戏对人的智力、耐心、判断力的发展都有促进作用，等等。一个人的业余生活越是丰富多彩，生活就越会充实和愉快。喜悠悠、乐陶陶、美滋滋的愉快心境，常产生于自己所喜爱的业余活动之中。越是烦闷、困苦之时，越需要有益身心的健康情趣和娱乐。充满情趣的生活，能使我们更感到生活的美好，感到生活充满阳光，从而更加热爱生活，振奋斗志。革命导师马克思、恩格斯、列宁，在把毕生精力献给人类解放事业的同时，生活情趣也都是十分广泛而高雅的。他们都喜欢诗歌、小说，爱好下棋。马克思是一位跳棋能手，恩格斯则是一位高明的骑手，假日里经常骑马跨越壕沟和篱笆。列宁的象棋棋艺能与名家对弈。那些在科学上有重大建树的伟大科学家们，也并非整天埋在书堆里。爱因斯坦爱好拉小提琴，喜欢划船。居里夫人爱好旅行、游泳、骑自行车。

巴甫洛夫喜欢读小说、集邮、画画、种花。我国科学家钱三强喜欢读古典文学、唱歌、打乒乓球和篮球。苏步青爱好写诗，喜欢音乐、戏曲和欣赏舞蹈。华罗庚喜欢写诗填词，等等。充满美感的业余生活，不仅不会瓦解人的斗志，相反，能够活跃人们的情绪，调节神经系统，使人的精力更充沛，性格更健康而坚强，因而，对于人生是十分有利的。

第二章

『我不要』力量的局限性——

明知生气有害，为何还是每每失控

chaoji zikongli
ruhe youxiao de
ziwo guanli

第一节

我们为何总是情绪化

接受并体察你的情绪

　　每个人的情绪都处于不断变动的状态中，有兴奋期就不可避免地有低潮期，掌管和控制情绪之前应该先去接受和体察它。情绪变化是有规律的，只有接受和体察，才能真正地顺应内心、帮助内心回归平和。

　　当然，不同的人处理情绪的态度不同，但是大家有一个普遍的共识：情绪不能压抑，压抑会导致各种心理障碍，也会导致某些疾病的产生。因而针对情绪化的人，心理学家建议他们对待情绪的基本态度就是承认和接受。

平时，方女士对同事和对身边的朋友都非常友好，从来不和别人发生冲突，大家都觉得她是一个脾气温和的人。在别人眼里，她温柔又和善。

但回到家里，她往往会因芝麻大小的事就对丈夫大发脾气，甚至会摔东西。丈夫对此也很无奈，非常不开心，觉得她很难让人接受。

面对自己阴晴不定的情绪，方女士非常痛苦。其实，丈夫对她很好，她也很爱丈夫，但她又害怕丈夫会因自己的情绪而离开她。有时候，她也非常受不了自己，可是当发脾气的时候她却无法预计和控制。很多次，她都告诉自己的父母和丈夫，但他们都说是她自己没有克制能力。对于他们对自己的不理解，方女士很苦恼，于是，她尝试去看心理医生。

心理医生分析了方女士的情况，又咨询了一些关于她成长的事情，最后终于找到她情绪化背后的根源：由于孩提时父母离异，方女士非常敏感但又异常依赖身边的亲人，脾气暴躁。医生为她提出一些改变情绪化的建议，并告诉她要悦纳自己的情绪，才会便于改善情绪。

很多人的情绪化都产生于孩提时代。孩子总是被大人引导，使他们将自己最直接的情感与不愉快的事情相联系：孩子可能会因哭闹受到处罚，也可能因嬉闹而受到处罚。揭开情绪的面纱时，自己总是能找到导致情绪化的原因。不能公开地表达自己的情感，但起码可以承认它们的存在。要承认它们存在的最基本的一步就是允许自己体验情感，允许自己出现各种情绪并恰当表达它们。

体察情绪的第一步，就是要正视它。情绪不会凭空消失，存在就是存在，它不可能因为你的否定而消失。相反，一味地否定只能让情绪潜藏在意识里，可能会带来更坏的影响。每个人都有发泄情绪的权利，如果不敢承认情绪的存在，可能也就不敢发泄情绪，盲目压抑情绪对个人的身心发展非常不利。

其次，可以采取"情绪反刍"或是"寻根溯源"的方法来认识自己的情绪。要沿着自己的心灵发展轨迹，溯流而上，用当前情绪去联想更多的情绪状态，慢慢体味、细细咀嚼自己的各种情绪经历，并询问自己当时如果没有产生这种情绪会是一种怎样的情形。这样可以使人变得心平气和。

再次，学会养成体察自身情绪的习惯。也就是时时提醒自己注意："我现在有怎样的情绪？"例如，当自己因同事的一句话而生气，不给对方解释的机会，这时就问问自己："我为什么这么做？我现在有什么感觉？"如果察觉自己只对同事一句无关紧要的话就感到生气，就应该对生气做更好的处理。有许多人认为，人不应该有情绪，因而不肯承认自己有负面的情绪。实际上，人都会有情绪，压抑情绪反而会带来不良的结果。

最后，缓解和调理自己的情绪。觉察自己情绪的变化，能更清楚地认识自己的情绪源头，也有助于理解和接受他人的错误，从而轻松地控制消极的情绪，培养积极的情绪。疏解和调理情绪，也需要适当地表达自己的情绪。

接受并体察你的情绪，不要拒绝，不要压抑，勇敢地面对自己的情绪变化。在情绪转好之时，抓住机会，投入到有意义的事情中去。

正确感知你所处的情绪

知觉与评估情绪的能力是心理学上两类最基本的情商，也是衡量一个人情商高低的最基本的要素。通常来说，低情商者对自己及他人的情绪感知能力弱，容易导致情绪失控；而高情商者对自身的情绪能够做理智的分析，其实对自身情绪的评估能力越强，越有利于问题的解决。但往往有很多人，对自身的情绪很难把握，对此，可以从心理状态加以分析。

著名心理学家约翰·蒂斯代尔提出的"交互性认知亚系统"理论是一种以正念为基础的认知治疗理论，该理论认为人一般有三种心理状态：无心/情绪状态、概念化/行动状态、正念体验/存在状态。

无心/情绪状态指人们缺乏自我觉知、内在探索与反思，一味沉浸到情绪反应中的表现；概念化/行动状态则指人们不去体验当下，只是在头脑中充满着各种基于过去或未来的想法与评价；正念体验/存在状态才是最为有益的心理状态，它是指人们去直接感知当下的情绪、感觉、想法，并进行深入探索，同时对当下的主观体验采取非评价的觉知态度。

进入正念状态需要高度集中注意力去关注当下的一切，包括此时此刻我们的情感和体验，而不应当将自己陷入对过去的纠缠或是未来的困惑中，对现在的情绪有所评判和排斥。接受发生的一切，关注当下的感受，才能发挥"正念"的透视力，达到认知自我情绪，主动调适，从而反省当下行为进行调节以增加生活乐趣的目标。

那么，如何将心理状态调整为正念体验/存在状态，这需要我们平时就应该进行正念技能训练。根据莱恩汉博士的总结，正念技能训练包括"做什么技能"和"如何去做技能"两大类别技能训练。

第一，"做什么"的正念技能包括观察、描述和参与三种方式。

例如，当生气时，留意生气对身体形成的感觉，只是单纯去关注这种体验，这是观察，观察是最直接的情绪体验和感觉，不带任何描述或归类。它强调对内心情绪变化的出现与消失只是单纯去关注，而不要试图回应。

用语言把生气的感觉直接写出来即是描述，如"我感到胸闷气短""心里紧张、冲动"，这都是客观的描述，描述是对观察的回应，通过将自己所观察到或者体验到的东西用文字或语言形式表达出来，对观察结果的描述不能有任何情绪和思想的色彩，要真实、客观。

对当前愤怒的感受和事情不予回避，这是参与，参与是指全身心投入并体验自己的情绪。

在特定的时间内，通常只能用其中一种来分析自己的情绪，而不能同时进行，用这三种方式去感受自己的情绪，有助于留意自身情绪。

第二，"如何去做"的正念技能包括以非评判态度去做、一心一意去做、有效地去做。这些技能可以与观察、描述、参与三种"做什么"正念技能的其中某一项同时进行。

以非评判态度去做，应当关注正在发生的一切，关注事物的实际存在，而不需要进行评价。仍以愤怒为例，当生气的时候，"应该""必须""最好是"停止或继续发怒的想法都是有评判色彩的语气。对于愤怒应当去接受而不需要去评判。

一心一意去做，就是要集中精力去关注思考、担忧、焦虑等情绪。美国宾州大学心理学教授托马斯认为由于人总不能把握现在和关注此刻，容易产生焦虑和抑郁的情绪。基于此，托马斯发展了专治慢性焦虑症的心理疗法。"当你在焦虑时，你就专心焦虑吧。"他要求患者每天必须抽出 30 分钟时间在固定的地点去担忧自己平时担忧的事。在 30 分钟之内，患者必须全神贯注担忧，30 分钟之后，则要停止担忧，并要警告自己："我每天有固定的时间担忧，现在不必再去担忧。"

有效去做，就是要让事情向好的方向发展，以有效原则衡量自己的情绪，可以避免感情用事，防止因为情绪失控而做出不恰当的事、说出不负责任的话。

我们通过每天的情绪变化去积极主动地调适自己的心理。可以在情绪激动时能及时察觉与反省自己的当下行为，学会控制自己的情绪，使自己在面对痛苦的时候心情有所缓解，恢复快乐。

只有学会"感受"自己的感受，方能让自己在处理负面情绪时游刃有余。

运用情绪辨析法则

知己知彼，方能百战不殆。在情绪的战场上，首先要了解自己的情绪，才能保持好情绪、战胜负面情绪。我们不自知的种种心理需求，乃至内心理念以及价值观，都可以通过自身不同的情绪反映出来。因此，要做到"知己"，首先要准确地做出自我情绪辨析，只有如此，才能够有的放矢地解决情绪问题，保持身心健康。

心理学家温迪·德莱登将所有情绪统分为两大类——正面情绪与负面情绪，又将负面情绪进一步细分为健康的负面情绪和不健康的负面情绪。

德莱登认为，健康的负面情绪是由合理的信念引发的。它促使人们正确地判断所处的负面情境改变的可能性，从而理智地做出适应或改变的行为。健康的负面情绪导致的结果是正面的，它引发思维主体进行现实的思考，最终解决问题，实现目标。

不健康的负面情绪是由不合理

的信念引发的。它会阻碍人们对不可改变的环境做出判断以及对可以改变的环境进行建设性改变的尝试。不健康的负面情绪导致的歪曲思维会阻碍问题的解决，最终阻碍目标的实现。

大多数人可以准确地判断自己的情绪属于正面的情绪还是负面的情绪，但对很多人而言，如何才能判断当前的负面情绪是否健康是有一定困难的。以担心和焦虑这两种负面情绪为例，由德莱登的定义可知，在信念的来源上，担心源于合理的信念，这种情绪会导致行为主体正确地面对威胁的存在，并想办法寻求让自己安心的保障；而焦虑来源于不合理的信念，这种情绪会导致行为主体不愿意面对甚至逃避威胁的存在，从而寻求那些并不能使行为主体安心的保证。

每个健康的负面情绪，都有一个不健康的负面情绪与之相对应。类似地，德莱登还列举了悲伤、懊悔、失望等情绪作为健康的负面情绪的典型代表，列举了抑郁、内疚、羞耻、受伤等情绪作为不健康的负面情绪的代表。而以上情绪都是两两对应的，如悲伤和抑郁，前者是健康的负面情绪，后者是与之相对应的不健康的负面情绪。

判断一种负面情绪是否健康，最本质的区别在于健康的负面情绪来源于合理的信念，而不健康的负面情绪来源于不合理的信念；同时也可以根据情绪强度来判断：大多数不健康的负面情绪都强于健康的负面情绪，如焦虑的最大强度大于担心的最大强度。

除此之外，健康的负面情绪和不健康的负面情绪，二者所导致的情绪主体的应对行为以及行为趋势也有显著差别，换言之，当人们出现情绪问题时，不仅有可能体会到两种不同的负面情绪，而且会由此导致完全不同的有建设性的或无建设性的行动，这种行动可以是真实的也可以是"意愿中"。

举例来说，抑郁的情绪会使人持续回避自己喜欢的活动，而悲伤的情绪会使人在哀伤过后继续参与自己喜爱的活动。同样地，内疚只会使人被动地祈求宽恕，而懊悔会使人主动地要求对方的宽恕。受伤使人被愠怒充斥头脑，忘记理智，而悲哀会使人更加果断地判断事物，理清头绪。羞耻会使人采取鸵鸟战术，以回避他人的凝视来逃避关注，而失望仍能使人正确对待与他人的目光接触，与外界保持联系。

不健康的愤怒会使人仪态尽失，出言不逊甚至诋毁他人，健康的愤怒会促使人果断处理眼前的麻烦，仅关注自己被不当对待的事实而不会迁怒于他人。不健康的嫉妒会使行为主体怀疑他人的优势，而健康的嫉妒会以开放的态度去学习他人的优点以提高自己。与之相似，不健康的羡慕打击他人进步的积极性，而健康的羡慕会依此为动力鞭策自己获取类似的成功。

在我们经历情绪的变化时，不仅能够判断出自己所经历的是正面的情绪还是负面的情绪，而且能够准确地分辨出其中的负面情绪是否健康，并能分析出此情绪的来源以及可能导致的后果，我们就能真正达到"知己"的境界。

情绪同样有规律可循

人的情绪如同眼睛一样，也有自己看不到的"盲点"，通过了解自己的情绪盲点，从而把握自身的情绪活动规律，可以最有效地调控自己的情绪。

情绪盲点的产生主要是由于以下3个方面的原因：

（1）不了解自己的情绪活动规律；

（2）不懂得控制自己的情绪变化；

（3）不善于体谅别人的情绪变化。

其中，能否把握自身的情绪规律是情绪盲点能否出现的根源。

认识到情绪盲点产生的原因，我们便需要从原因入手，从根源上把握自身的情绪规律。这就需要从以下几个方面加强锻炼以培养自己与之相应的能力：

1.了解自己的情绪活动规律，培养预测情绪的敏锐能力

科学研究证明人都是有情绪周期的，每个人的情绪周期不尽相同，大概为28天，在这期间内，人的情绪成正弦曲线的模式：情绪由高到低，再由低到高。在人的一生之中循环往复，永不间断。

计算自己的情绪节律分为两步：先计算出自己的出生日到计算日的总天数（遇到闰年多加1天），再计算出计算日的情绪节律值。

用自己出生日到计算日的总天数除以情绪周期28，得出的余数就是你计算日的情绪值，余数是0、4和28，说明情绪正处于高潮和低潮的临界期；余数在0～14之间，情绪处于高潮期，余数是7时，情绪是最高点；余数在15～28之间，情绪处于低潮期，余数是21时，情绪是最低点。

由此可以看出，情绪有高低起伏，我们不要认为自己会永远处在情绪高潮期，也不要觉得自己会一直处于情绪低潮期，在情绪好的时候提醒自己注意下一阶段的低落，在情绪低落时告诉自己会慢慢好起来的。我们所吃的东西、健康水平和精力状况，以及一天中的不同时段、一年中的不同季节都会影响我们的情绪，许多人虽然重视了外在的变化对自身情绪的影响，但却忽视了自身的"生物节奏"，其实，通过尊重自己的情绪周期规律来安排自己的学习和生活，是很有必要的。

2.学会控制自己的情绪变化，坦然接受自身情绪状况并加以改进

想要控制自己的情绪变化，首先要对自己之前的情绪经历做一个简单梳理，从之前的经验来寻找自身情绪的活动规律。同样的错误不能犯第二次，这正是掌握情绪活动规律后得到的经验。一个有敏锐感知能力的人能够在自己一次的情绪失控中回顾反思，总结、评估事情的前因后果，并最终达到提升自己情绪调控能力的目的，毕竟，情绪的偶尔失控和爆发是一种正常的现象，但倘若情绪失控成为常态，则不是一件好事。

想要控制自己的情绪变化，还需要对自己的情绪弱点做一个

分析总结，去认识自己的情绪易爆点在哪里，情绪失控的事情可能会是什么，事先考虑好如果再次遇到同种情形所需要选择的应对方式。这样可以在事先做好准备，及时采取应对措施，防止情绪失控之后的被动解决所导致的追悔莫及。

3.学会理解他人情绪和行为，同时反省自己

人际交往中，理解的力量是伟大的，但在通常情况下，虽然人们希望得到别人的理解，希望别人能够理解自己的情绪和行为，却往往忽视了理解别人。这就是为什么人的情绪出现盲点的外在原因。

理解他人的需求、情绪和感受等有助于增添交流的共同话题和认同感，有助于彼此之间形成和谐健康的人际关系。并且，通过对别人情绪的反观来看自己的情绪变化和体验，可以清晰地了解自己，从而把握自身的情绪节律和促进自身情绪状况的改进。

第二节

解救被情绪绑架的理性

从苦闷的军属到成功的作家

当我们面临困惑时，如果能够静下心来，坦然面对，那么当我们从出口走出去时，就有可能看到另一番天地。在我们的生活与工作中，遇到困难或是难以跨越的"坎"时，不妨尝试换一种思考方式和解决办法，也许很快就能解决问题。问题的出口其实就是自己的人生蜕变，是自己理性地坦然面对问题的勇气和决心，是洒脱后的平静。

战时，汤姆森太太的丈夫到一个位于沙漠中心的陆军基地去驻防。为了能经常与他相聚，她搬到那附近去住，这样就可以解除相思之苦了。可是现实使她非常痛苦。那里实在是个可憎的地方，她简直没见过比那更糟糕的地方，对于她来说，那里简直是个噩梦。

她丈夫出外参加演习时，她就只好一个人待在那间小房子里。没有人跟她说话，由于是住在沙漠里非常热，汗都没有来得及出来就晒干了。她不敢出去，怕晒晕过去，而且外面风沙很大，到处是沙子，能见度极低，说不定走着走着，就迷路了，所以她只好乖乖地待在房子里。

汤姆森太太觉得自己倒霉透了，于是她写信给父母，告诉他们她放弃了，她准备回家，她一分钟也不能再忍受了，这个地方像是牢房一样，什么也干不了，没有亲人，没有朋友，她很孤独，她宁愿离开丈夫也不想待在这个鬼地方。

过了一个月，她的父亲回信了，信上只有三句话，之后这三句话常常萦绕在她的心中，并改变了汤姆森太太的一生：有两个人从铁窗朝外望去，一个人看到的是满地的泥泞，另一个人却看到满天的繁星。

她把父亲的这三句话反复念了很多遍，忽然间觉得自己很笨，于是她决定找出自己目前处境的有利之处。她开始和当地的居民交朋友，他们都非常热心。当她在家无聊的时候，她就开始写作，当她需要书籍的时候，就让家人给邮寄过来。就这样日复一日，年复一年。最终她的稿子被一家出版社看中，并发行成书，从此，汤姆森太太成为一名著名的作家。

是什么给汤姆森太太带来了如此惊人的变化呢？沙漠没有改变，改变的只是她自己。她是一个高情商的人，她改变了面对生活的态度，正是这种改变使她有了一段精彩的人生经历，她发现的新天地令她既兴奋又刺激。在那片沙漠里，她找到了美丽的星辰。

伟大的心理学家阿德勒究其一生都在研究人类及其潜能，他曾经宣称他发现人类最不可思议的一种特性——人具有一种反败为胜的力量。这是一种高情商的表现，一个人具有什么样的心态，他就成为一个什么样的人，他就能够拥有一个什么样的人生。

汤姆森太太的故事也恰好说明了这样一个朴素的道理：人可以通过改变自己的心境来改变自己的人生。对于身处逆境中的人来说更是如此。如果你不满意自己的现状，想改变它，那么首先应该改变的是你自己，如果你有了积极的心态，转换一个角度，你就会看到不一样的风景，并且能够积极乐观地改善自己的环境和命运，你周围所有的问题都会迎刃而解，这是理性的控制情绪的方法。

生活总是很多彩，又难以让人捉摸透，换一种心情去生活会让你感受到生命的精彩。有这样一个句歌谣："别人骑马我骑驴，仔细思量总不如，回头再一看，还有挑脚夫。"这首歌谣虽理浅，足以醒世。哲人说：人生是块多棱镜，从不同的角度比较，会产生不同的效果。

从现在起，我们要与自己的心灵对话。人生一直处于比较之中，人的心灵和身体也在不停地进行对话。20世纪科学家为此已经做出了令人信服的科学解释。心灵的对话不单单是抽象的观念性东西，还会产生影响身心健康的物质性东西，这就是常说的荷尔蒙。

一个人遇上不如意的事，心情不好时，大脑就会分泌出影响身心健康的荷尔蒙。反之，遇事能正确对待，心情舒畅时，脑内就会分泌出增强健康的荷尔蒙。荷尔蒙是在人体细胞之间传递信息的物质，大脑也就是通过它向全身传递命令，进行心灵对话的。

据说，人在发怒或情绪紧张时，体内会分泌出甲肾上腺素；感觉恐怖时，体内会分泌出肾上腺素，这些荷尔蒙如果过量分泌，对人体十分有害。如果人的心情愉快，常常能把事情往好的方面去想，体内就会分泌出具有活跃脑细胞、增强体质功能的荷尔蒙。

我们的痛苦通常不是问题的本身带来的，而是我们对这些问题的看法而产生的。这是一句十分经典的话，它引导我们学会解脱。解脱的最好方式是面对不同的情况时，用不同的思路从多角度分析问题。因为事物都是多面性的，视角不同，所得的结果就不同。

但任何困难都是可以解决的。一个问题就是一个矛盾的存在，而每一个矛盾只要找到了合适的介点，就可以把矛盾的双方统一。只是这个介点不停地变幻，它总与那些处在痛苦中的人玩游戏。

所以，我们需要换个视角看人生，这样你就会从容、坦然地面对生活。当痛苦向你袭来的时候，不要悲观气馁，要寻找痛苦的原因、教训及战胜痛苦的方法，勇敢地面对多舛的人生。

换个视角看人生，你就不会为战场失败、商场失手、情场失意而颓废，也不会为名利加身、赞誉四起而得意忘形。

换个视角看人生，是一种突破、一种解脱、一种超越、一种高层次的淡泊宁静。

换一个视角看待世界，世界无限宽大；换一种立场对待人生，人生无处不自在。

你是情绪的奴隶吗

有人曾说，只要征服自己的感情和愤怒，就能征服一切。这正说明了人应该掌握自己的情绪，而不是成为情绪的奴隶。然而，有很多人都陷于愤怒、忧郁、恐惧等消极情绪的陷阱里不能自拔。

经济学教授詹纳斯·科尔耐曾说："我把人在控制自我情感上的软弱无力称为奴役。因为一个人为情感所支配，行为便没有自主之权，而受命运的宰割。"所以，做自己感情的奴隶比做暴君的奴仆更为不幸。

1939年，德国军队占领了波兰首都华沙，此时，卡亚和他的女友迪娜正在筹办婚礼，在光天化日之下卡亚被纳粹推上卡车运走，关进了集中营。卡亚陷入了极度的恐惧和悲伤之中。

一同被关押的一位犹太老人对他说："孩子，你只有活下去，才能与你的未婚妻团聚。记住，要活下去。"卡亚冷静下来，他下定决心，无论日子多么艰难，一定要保持积极的精神和情绪。所有被关在集中营的犹太人，他们每天的食物只有一块面包和一碗汤。许多人在饥饿和严酷刑罚的双重折磨下精神失常，有的甚至被折磨致死。卡亚努力控制和调适着自己的情绪，把恐惧、愤怒、悲观、屈辱等抛之脑后。在这人间炼狱中，卡亚奇迹般地活下来。他不断地鼓舞自己，靠着坚韧的意志力，维持着衰弱的生命。

1945 年，盟军攻克了集中营，解救了这些饱经苦难、劫后余生的人。卡亚活着离开了集中营。若干年后，卡亚把他在集中营的经历写成一本书。他在前言中写道："如果没有那位老者的忠告，如果放任恐惧、悲伤、绝望的情绪在我的心间弥漫，很难想象，我还能活着出来。"

是卡亚自己救了自己，他用积极乐观的情绪救了自己，他战胜了不良情绪，他主宰了情商，他不是情绪的奴隶。

人的情绪无非两种：一是愉快情绪，二是不愉快情绪。无论是愉快情绪还是不愉快情绪，都要把握好它的"度"。否则，愉快过度了，即要乐极生悲。

至于不愉快过度的悲剧更多。有资料讲，80%的溃疡病患者有情绪压抑的病史，还有急躁易怒者易患高血压、冠心病，自卑、精神创伤、悲观失望者易患癌症。生气也是一种不良情绪，"气为百病之长"。其实生气有很多坏处：

★生气会在无意中伤害无辜的人，有谁愿意无

缘无故挨你的骂呢？而被骂的人有时是会反击的。大家看你常常生气，为了怕无端挨骂，所以会和你保持距离，你和别人的关系在无形中就拉远了。

★偶尔生生气，别人会怕你；常常生气，别人就不在乎，反而会抱着"你看，又在生气了"的心理，这对你的形象也是不利的。

★生气也会影响一个人的理性思维，使之对事情做出错误的判断和决定，而这也会成为别人对你最不放心的一点。

★生气对身体不好，不过别人是不在乎这点的，气坏了身体了是你自己的事。

总之，坏情绪就是低情商的表现，它只会给我们带来坏处，不会带来好处。所以，学会控制情绪是我们成功的要诀。世上有许多事情的确是难以预料的，人与人的相处也难免会有磕磕碰碰。人的一生有如繁花，既有红火耀眼之时，也有暗淡萧条之日；人与人相处，既可能如亲人一样互敬互爱，也可能如敌人一样发生碰撞摩擦。但是，不管我们面对着怎样的境遇，都要尽量保持自己的风度，既不要自暴自弃，也不可盛气凌人。

然而，总有许多人不停地抱怨命运的不公，自己付出了辛劳的汗水，得到的却是失败和痛苦。究其原因，是因为他们不会调节自己的情绪，他们需要情绪锻炼，那么怎么才能摆脱"情绪奴隶"这个称号呢？情绪不是不可以控制的，这需要平日的锻炼。

★要学习辩证法，懂得用一分为二、变化发展的眼光看问题，在任何情况下，都不要把事物看"死"。

★要陶冶情操，培养广泛的兴趣，如书法、绘画、弈棋、种花、养鸟等，可择自己所好，修身养性。

★不要经常发脾气，遇事要量力而行，要有自知之明，要相信别人，多为别人着想。还有，要学会倾诉。有欢乐，不妨学学孩子跳几跳，放开嗓子吼几句。有苦恼，也不要闷在肚里，可向亲朋倾诉一番，甚至大哭一场。

★要广交朋友，消除孤独。多参加些体育锻炼，也是与情绪锻炼相辅相成、一举两得的好方法。

哈佛学者曾说："不要做情绪的奴隶，要做情绪的主人。"想要成为一个高情商者，首先就要学会控制情绪，这样你才可以如鱼得水地处理任何事情。那么从今天开始，让我们每天坚持情绪锻炼，做一个高情商的人。

情绪是怎样"冒"出来的

是什么原因使我们产生了情绪？情绪来自何方？

科学研究表明，我们大脑中枢的一些特殊的原始部位明显地掌控着我们的情绪。但是，人类语言的使用和更高级的大脑中枢又影响和支配着比较原始的大脑中枢。影响着我们的情绪和行为的主要原因是我们自己的思维。

另外，有些专家也指出，遗传结构只是在很小程度上决定着你是倾向于安静还是倾向于激动。而孩提时的经验和当时周围人的情绪则影响着你的情绪。各种生理因素（如疾病、睡眠缺乏、营养不良等）可能使你变得容易激动。由上可见，情绪是因多种情感交错而引起的一连串反应，与环境有着密不可分的互动关系，它并不是呼之即来、挥之即去的。

对大部分人来说，这些因素并不能完全决定我们对周遭满意的程度，也不能决定我们能否免受焦虑、愤怒和抑郁之苦。我们的情绪在很大程度上受制于我们的信念、思考问题的方式。这正是情绪不易控制的真正原因。

大体上，我们可以将情绪粗分为愉快和不愉快两种经验：

愉快的经验包括喜悦、快乐、积极、兴奋、骄傲、惊喜、满足、热忱、冷静、好奇心和如释重负等。不愉快的经验有失望、挫折、忧郁、困惑、尴尬、羞耻、不悦、自卑、愧疚、仇恨、暴力、讥讽、排斥和轻视等。其中它们又可分为合理的情绪和不合理的情绪。

上面讲述了情绪分为两大类，下面细分一下情绪的类别，情绪的种类很多，一般分为以下5种：

★原始的基本的情绪

具有高度的紧张性，包括快乐、愤怒、恐惧和悲哀。

★感觉情绪

包括疼痛、厌恶、轻快。

★自我评价情绪

主要取决于一个人对自己的行为与各种行为标准的关系的知觉。包括成就感与挫败感、骄傲与羞耻、内疚与悔恨。

★恋他情绪

这类情绪常常凝聚成为持久的情绪倾向或态度，主要包括爱与恨。

★欣赏情绪

包括惊奇、敬畏、美感和幽默。

这些情绪对人们起着至关重要的作用。由于情绪可能为我们带来伟大的成就，也可能带来惨痛的失败，所以，我们必须了解、控制自己的情绪。

我们几乎每天都要表达自己的情绪，"今天我高兴"，"我现在很懊恼"，"昨天那事让我感到很难过"，"吓死我了"，"真讨厌"，"我喜欢你"……也会描述他人的情绪，"他太紧张了"，"这人怎么这么开心"，"我父亲对我很生气"，"昨晚圣诞节舞会上，大家都很兴奋"。情绪是我们每个人不可缺少的生活体验，情绪是有血有肉的生命的属性，"人非草木，孰能无情"。

情绪无所谓对错，它常常是短暂的，会推动行为，易夸大其词，可以累积，也可以经疏导而加速消散。情绪的好和坏事实上与我们自己的心态和想法有关，与刺激关系并不大，一件事，在别人眼中看着是悲哀的，在你眼中也许就是喜乐的，主要看自己怎么想了。

情绪的表现形式是多种多样的，我们可以依据情绪发生的强度、持续的时间以及紧张的程度，把情绪分为心境、激情和应激反应3种类型。

★心境

心境是一种微弱、平静、持续时间很长的情绪状态，也就是我们大家常说的"心情"。心境是受到个人的思维方式、方法、理想以及人生观、价值观和世界观影响的。同样的外部环境会造成每个人不同的情绪反应。有很多在恶劣环境中保持乐观向上的例证，那些身残志坚的人、临危不惧的人都是值得我们学习的榜样。

★激情

激情是迅速而短暂的情绪活动，通常是强有力的。我们经常说的"勃然大怒""大惊失色""欣喜若狂"都是激情所致。很多情况下激情的发生是由生活中的某些事情引起的。而这些事情往往是突发的，使人们在短时间内失去控制。激情是常被矛盾激化的结果，也是在原发性的基础上发展和夸张表现的结果。

★应激反应

应激反应是由出乎意料的紧急情况所引起的急速而又高度紧张的情绪状态。人们在生活中经常会遇到突发事件，它要求我们及时而迅速地做出反应和决定，应对这样紧急情况所产生的情绪体验就是应激反应。在平静的状况下，人们的情绪变化差异还不是很明显，而当应激反应出现时人们的情绪差异立刻就显现出来。加拿大生理学家塞里的研究表明，长期处于应激状态会使人体内部的生化防御系统发生紊乱和瓦解，随之身体的抵抗力也会下降，甚至会失去免疫能力，由此就更容易患病。所以我们不能长期处于高度紧张的应激反应中。

控制自我是高情商的体现

一个成功的人必定是有良好自我控制能力的人，控制自我不是说不发泄情绪，也不是不发脾气，过度压抑会适得其反。良好的控制自我就是不要凡事都情绪化，任由情绪发展，而是要适度控制，这是一种能力的体现。

20世纪60年代早期的美国，有一位很有才华、曾经做过大学校长的人竞选美国中西部某州的议会议员。此人资历很高，又精明能干、博学多识，非常有希望赢得选举的胜利，而且他的威望也很高。

就在他竞选过程中，一个很小的谎言散布开来：3年前，在该州首府举行的一次教育大会上，他跟一位年轻的女教师"有那么一点暧昧的行为"。这其实是一个弥天大谎，而这位候选人不能很好地控制自己的情绪，他对此感到非常愤怒，并极力想要为自己辩解。

就在这个时候，他的妻子对他说："既然这是一个谎言，那为什么还要为自己辩护呢？你越辩护，越说明这件事是真的，与其让其他人看笑话，不如我们不把它当回事。"

果然，他把这件事当成小事，当有记者问他时，他说："这是一个误会，是一个谎言，时间会证明一切。"虽然只是简短的几句话，但是他赢得了更多人的支持。最后他竞选成功。

在关键时候，故事的主人公能控制自己的情绪，控制了自我，这是能力的体现，他更是一个情商高手。他没有因为别人的误解而发怒，而是转换角度，从容面对，所以他成功了。

其实，人的情绪表现会受众多因素的影响，例如，他人言语、突发事件、个人成败、环境氛围、天气情况、身体状况等等。这些因素可以按照来源分为外部因素（刺激）和内部因素（看法、认识）。两种因素共同决定了人的情绪表现和行为特征，其中个人的观点、看法和认识等内部因素直接决定人的情绪表现，而个人成败、恶言恶语等外部因素则通过影响情绪内因而间接影响人的情绪表现。

传说中有一个"仇恨袋"，谁越对它施力，它就胀得越大，以致最后堵死我们生存的空间。因此，当我们遇到生气的事情，不必将怒火点燃，实际上这于事无补。

情绪可以成为你干扰对手、打败对手的有效工具；反过来说，情绪也会成为对手攻击你的"暗器"，让你丧失理智，铸成大错。

电影《空中监狱》中有这样一段情节：从海军陆战队受训完毕的卡麦伦来到妻子工作的小酒馆，正当两人沉浸在重逢的喜

悦中时，几个小混混不合时宜地出现了，对他漂亮的妻子百般骚扰。卡麦伦在妻子的劝阻下，好不容易按下怒火，离开酒馆准备回家去。没想到在半路上又遇到那帮人，听着他们放肆的下流话语，卡麦伦再也无法忍受了，他不顾妻子的叫喊，愤怒地冲过去和他们搏斗起来。混乱中，一个小混混从衣兜里掏出一把锋利的匕首，卡麦伦不假思索地夺过匕首，一刀捅入对方的胸膛……那人当场死亡了，卡麦伦因为过失杀人，被判了 10 年徒刑。无论他有多么后悔，也只得挥泪告别刚刚怀孕的妻子，在狱中度过漫长的痛苦时光……

卡麦伦的悲剧难道不是他自己造成的吗？如果他能够控制自己的情绪，不正面与小混混冲突，又怎会酿成如此悲剧？制裁坏人并不一定要靠拳头和武力，当时，如果卡麦伦能稍微理智一些，向警方求助，事情一定不会演变到这种地步。

控制自我情绪是一种重要的能力，也是一门难能可贵的艺术。一个不懂得控制自我的人，只会任由其情绪的发展，使自己有如一头失控的野兽，一旦不小心闯到熙熙攘攘的人群中，则会伤人伤己。人是群居的动物，不可能总是一个人独处，因此，一旦情绪失控，必将波及他人。控制自我情绪绝对是种必须具备的能力。

我们要认识到控制自我的重要。许多伟人之所以能够名垂千古，与他们的从容豁达、宠辱不惊有很大的关系。而芸芸众生也许更多的是任由情绪的发泄，没有控制好自我的人。

美国研究应激反应的专家理查德·卡尔森说："我们的恼怒

有 80% 是自己造成的。"这位加利福尼亚人在讨论会上教人们如何不生气。卡尔森把防止激动的方法归结为这样的话："请冷静下来！要承认生活是不公正的。任何人都不是完美的，任何事情都不会按计划进行。"理查德·卡尔森的一条黄金法则是："不要让小事情牵着鼻子走。"他说："要冷静，要理解别人。"他的建议是：表现出感激之情，别人会感觉到高兴，而你的自我感觉会更好。

学会倾听别人的意见，这样不仅会使你的生活更加有意思，而且别人也会更喜欢你；每天至少对一个人说，你为什么赏识他；不要试图把一切都弄得滴水不漏；不要顽固地坚持自己的权利，这会花费许多不必要的精力；不要老是纠正别人；常给陌生人一个微笑；不要打断别人的讲话；不要让别人为你的不顺利负责；要接受事情不成功的事实，天不会因此而塌下来；请忘记事事必须完美的想法，你自己也不是完美的。这样生活会突然变得轻松得多。

当你抑制不住生气时，你要问自己：一年后生气的理由是否还那么重要？这会使你对许多事情得出正确的看法。控制住自我，你的能力就会彰显出来。

第三章
沦为欲望动物：
人为什么管不住自己

第一节

为什么我们管不住自己的欲求

为什么人的权力欲望会不断膨胀

人对权力的欲望会不断膨胀，这在罗素的《权力论》里被称作人的本性。他还认为人对经济的需求尚可得到满足，但对权力的追求则永远不会得到满足；正是因为对权力的无止境追求，各种社会问题频频发生。罗素认为人的权力欲具有不断扩张的特性，所以应当节制个人、组织和政府对权力的追求。

人对权力的无限欲望驱使其在一定条件下做出可憎可恨的行为——这是人们不得不接受的现实，不见得非得是邪恶的人才会做出恶劣，甚至是邪恶的事情来。人们都试图调整他们周围环境中的事物，来满足自己的需要。无论从何种意义而言，你都拥有控制环境的能力，这也是你所拥有的权力。例如，你一进屋子，就径直将空调的温度调高或调低，这时，你就在运用你的权力。当然，你还可以通过其他方式来控制环境。

权力对于许多人来说可以带来许多好处。在现实社会生活中，不同职业的人手里多多少少都有点权力。

越有权力的人就越爱使用权力。"权力即强力。"一旦拥有权力，我们是更应该慎重行事，还是更大胆地行事呢？心理学家对这一问题进行了调查，结果是多数赞成后者，就是人只要有了权力，就会充分使用它。而且，他们不能对那些没有权力的人做出公正的评价，只是一味地夸耀自己的指挥能力。而且一般说来，人只要有了权力，就会充分地使用这些权力，这样就使自己与被管理者之间的权力差距越来越大。人们如此渴望权力，那么如果权力缺少制约会怎么样呢？心理学家发现，权力如果缺少体制约束，就会使人本性中"恶"的一面迅速膨胀。一个有权力的人，当没有受到恭维、抬举时，就会觉得丢面子受了莫大的委屈而无法忍受，从而做出过激的行为。战争中许多军人之所以会做出各种残忍行为，正是由于这种追求权力的心理。

某个人对一种权力的拥有可以来自上级部门的正式的合法授予，也可以来自一些非制度性安排的，但又实际上存在的非正式权力。这也就是显性权力与隐性权力之别。显性权力是组织中正式的、合法的、制度性的基础权力。这种权力在企事业单位中通常表现为下级要服从上级，也被称为合理合法权力。而隐性权力往往来自于机构中的非正式组织，例如由于个人的能力、知识、品德等在群体中所形成的威望，某人由于与权力高层所形成的某些特殊的关系而拥有的影响力等。这些影响力在制度上没有被承认，但真实存在，因此也被普遍认为是权力的一种。显性权力一般有明文规定的权力运用范围和权力运用的方式，以及明确规定的利益及相应责任，从而制约权力拥有者对权力的运用；而隐性权力并没有明确规定所应当承担的相应责任，也相应缺乏一套有效的约束机制。

权力的力量如此之大，故许多人都热衷于追求它。但是过度追求权力则会带来某些负面影响，所以对权力的追求应当适度。

为何因一件睡袍换了整套家具

人对很多事物怀抱一种"愈得愈不足"的心态：在没有得到某种东西时，内心很平衡，生活很稳定。而一旦得到了，反而开始不满足，认为自己应该得到更多。这种心态我们称之为"狄德罗效应"。

法国著名哲学家丹尼斯·狄德罗的朋友赠给他一件精致华美的睡袍，他感到非常开心。回家后他迫不及待地穿着睡袍在书房里走来走去，想要体验穿新衣的快乐。可是很快他就发现自己丝毫快乐不起来：家里的旧式家具、肮脏的地板以及各种陈设在新袍子的衬托下显得十分不和谐，看着很不顺眼。于是他再没有心思去感受袍子的舒适和华贵，而是赶紧把家里陈设都换成新的，以求跟新袍子相匹配，结果花了很大力气。事情做完后，他开始懊恼，意识到自己被一件袍子控制了：在没有得到这件袍子之前，他对家中的陈设感到很满意。得到新袍子后，为了满足与新袍子相匹配的欲望，他不得不更换新的家具。为了一件袍子，他付出了巨大的精力和金钱。

在我们的生活中，到处都能看到狄德罗效应的影响。老百姓生活中最常见的就是：当一个人花了几十年积蓄才买到几十平米的商品房，为了对得起购买的价值，往往还要大费周章地装修一番，铺大理石，装实木门，配红木硬家具，添置各种摆设……装修完毕后，还得考虑出入这样的住宅得有好的行头，于是着装档次也提升了。可是口袋里的钱也越花越不够了，最后捉襟见肘，只能打肿脸充胖子。所以，尽量不要购买非必需品。因为如果你接受了一件，那么你会不断地接受更多不必要的东西。当然，生活中也不乏狄德罗效应的正面例子。人们在得到了比实际更高的赞誉时，能激励人以更高的标准要求自我。

有一位先生娶了一位泼妇，他们经常吵架。这天，一个机缘巧合，先生在下班的路上得到了一束百合花，并把这束花带回家。前来开门的妻子看到丈夫手中的花，眼神顿时变得温柔了，她欣喜地问丈夫为什么买花给她。丈夫不忍心破坏妻子的好心情，就随口回答了一句："我觉得你像百合一样清新美好而有气质。"这位妻子相信了丈夫的话。从那以后，妻子有了大转变，说话轻声慢语，对丈夫体贴温柔，变得越来越有气质。

我们如何更好地发挥"狄德罗效应"，让它给我们带来积极肯定的意义呢？

第一，相信自己可以配得上华贵的袍子。在这里，我们把"狄德罗的袍子"看作是更高更好的追求。人们在树立了远大理想抱负的时候，就会逼着自己摆脱落后的现状，去积极追求更好的生活。那些之所以成功的人，正是坚信自己一定能摆脱贫穷的命运，相信自己是穿华贵袍子的人，于是努力去追求和创造，才拥有了今天我们看到的美好生活。

第二，从一点一滴做起，逐步完善目标。缺乏自信心的人往往会说："你看，我什么都做不好，我没有任何优点，我一事无成。"可谁是一蹴而就的呢？灰心丧气的时候想一想孩童的牙牙学语、蹒跚学步，成功的经验都是一步一个脚印，从一点一滴积攒起来的。

虽说要懂得知足常乐，但有时候适当地提高一点要求，树立一个更高的目标，也许能更好地激发斗志，获得更大的成功。

"我就是要购物"

女人是天生的购物狂，当面对琳琅满目的商品时，哪怕是对自己毫无用处的商品，她们都会不假思索地买下来。购物消费从最初满足生活基本需求的简单行为，逐渐演变成女人最热衷的休闲活动，甚至是强烈的心理需求。

据专家分析，大部分女人都有购物狂倾向，只不过程度不同而已。与男人相比，女人购物缺少理性，资料显示，超过40%的女人对促销商品有购买欲。同时，女人消费更容易受到他人观点的左右，这也从侧面反映了女性消费的非理性。

不过，尽管如此，女人由于自身的一些特点，通常在选择商品时要比男人细致，更注重产品在细微处的差别，也更加挑剔。

从这点上看，女人的生意并不那么好做。如果厂家能在产品的设计和宣传上关注细节，则更能吸引女性消费者。此外，对女性而言，购物是她们释放压力的最常用方法。很多女人会在情绪不好时购物，以及时宣泄压力；情绪好时也购物，因为买了喜欢的东西可以体会到幸福感。

女人之所以喜欢上街购物，通常有以下几种心理：

第一，审美心理。女人一般都很爱美，不但希望把自己打扮得漂漂亮亮，还特别喜爱其他美丽精致的东西，而精美怡人的商品正是美的集中表现。女人爱逛商店有一个很重要的动机，就是去欣赏这些美，从而体验到一种赏心悦目的快乐。

第二，爱占便宜的心理。在商品价格上，女人比男人更加相信"货比三家，价比三家"的道理。女人买东西通常会比较几家商店的同类商品价格，经过一番斟酌比较后，选择最便宜

的价格。女人不愿承担过高的风险，这就注定了女性对花销更谨慎，对价格更敏感。这也从一个侧面证明了促销活动对女性购物决策的影响力会比较大。因为在商家打折、送礼、限量发行的蛊惑下，女人时常会油然而生一种购物冲动。结果是，花很多钱买回一些自己并不需要的东西。每次购物热情散去，只好冷眼看着个人居所成了部分商品的分散"仓储库"。

第三，知晓心理。常常可以看到这样的现象，一位女士在服装柜台前，仔细地询问一番价格以及质地之后，并不购买。女人把对某些商品的了解，当作一种本领。女人一般都喜欢时尚，需要不断地从商店中获得最新流行信息。有些女人就是凭借对商品行情的了解和对流行服饰的敏感，而在群体中获得一定地位。

第四，获得尊重的心理。当女人一踏进商店的大门，受到许多服务人员亲切而殷勤的接待时，她们就会产生一种高高在上的感觉。商店内美丽华贵的物品不但能够满足女人们的购物欲，还可以衬托出女性的高贵气质。奢侈的羊绒衫、珍贵精致的花瓶，只要是自己看好的东西，就算再贵也在所不惜，"有了它我的人生就完美了"。这也是女人宠自己的具体表现。

第五，群体认同心理。女性逛街一般都喜欢结伴而行，通过购物和好友进行交流，比如买东西时朋友之间可以互相提供参考意见。这种人际交往方式更轻松，相互之间更容易获得人际交往的满足感。

为什么越得不到的东西，就越想得到

无法知晓的事物，比能接触到的事物更有诱惑力，也更能强化人们渴望接近和了解的诉求，这是人的好奇心和逆反心理在作怪。

古希腊神话中的普罗米修斯盗天火给人间后，主神宙斯为惩罚人类，想出了一个办法：他命令以美貌著称的火神赫菲斯托斯造了一个美丽的少女，让神使赫耳墨斯赠给她能够迷惑人心的语言技能，再让爱情女神赋予她无限的魅力。她被取名为潘多拉，在古希腊语中，"潘"是"一切"的意思，"多拉"是"礼物"的意思，她是一个被赐予一切礼物的女人。

宙斯把潘多拉许配给普罗米修斯的弟弟耶比米修斯为妻，并给潘多拉一个密封的盒子，并叮嘱她绝对不能打开。

然后，潘多拉来到人间。起初她还能记着宙斯的告诫，不打开盒子，但过了一段时间之后，潘多拉越发地想要知道盒子里面究竟装的是什么。在强烈的好奇心驱使下，她终于忍不住打开了那个盒子。于是，藏在里面的一大群灾害立刻飞了出来。从此，各种疾病和灾难就悄然降临世间。

宙斯用潘多拉无法压抑的好奇心成功地借潘多拉之手惩罚了人类。这就是所谓的"潘多拉效应"，即指由于被禁止而激发起欲望，导致出现"小禁不为，愈禁愈为"的现象。通俗地说，就是对越是得不到的东西，就越想得到；越是不好接触的东西，就越觉得有诱惑力；越是不让知道的东西，就越想知道。

心理学家普遍认为，好奇心是求新求异的内部动因，它一方面来源于思维上的敏感，另一方面来源于对所从事事业的至爱和专注。而逆反心理是客观环境与主体需要不相符合时产生的一种心理活动。逆反心理具有强烈的情绪色彩。形成逆反心理的原因比较复杂，既有生理发展的内在因素，又有社会环境的外在因素。一般地说，产生逆反心理要具备强烈的好奇心、企图标新立异或有特异的生活经历等条件。

"潘多拉效应"在现实生活中是普遍存在的。例如，收音机里播放的评书节目，每次都在最扣人心弦的地方停下，留下悬念，以使听众在第二天继续收听。再如，电视连续剧往往在剧情的关键处突然插播广告，这种做法除了能提高广告的收视率，更能吊足观众的胃口。

知道了这点，我们就可以变得更聪明一些：如果有人故意吊我们的胃口，我们要保持冷静、不为所动，避免受"潘多拉效应"的影响。例如，捂紧钱包，不被商家的"饥饿营销法"蛊惑。但是，如果对方是善意的，故意卖关子是为了给你一个惊喜，那么，你就要积极配合，否则会很扫兴的。

其实，在日常生活和工作中，我们除了被动地受"潘多拉效应"的影响，还可以主动地运用"潘多拉效应"来达到自己的目的，或是避开"潘多拉效应"，以免出现事与愿违的结果。

日本小提琴教育家铃木曾经创造过一种名为"饥饿教育"的教学法。他禁止初次到自己这里学琴的儿童拉琴，只允许他们在旁边观看其他孩子演奏，把他们学琴的兴趣极力地调动起来后，铃木才允许他们拉一两次空弦。这种教学法使得孩子们学琴的热情高涨，努力程度大增，进步也就非常迅速。

"潘多拉效应"在我们的生活中普遍存在，了解其原理后，可以带给我们更多的启示。

婚前，别说你的贞洁无所谓

很多时候，我们都会有点搞不清楚现在到底是一个什么样的社会，因为会有很多人跟你说："这都什么时代了，没人在乎你是不是处女"，"这么大把年纪还是处女不是长得太丑、太胖，就是有问题"，"以前的处女是仙女，现在的处女会让人害怕"，"性和谐是很重要的"……

各种思想的激烈碰撞让年轻的女人们陷入了巨大的迷茫、矛盾之中。受了蛊惑的女人不知道结局，撑住的女人继续迷茫不知所措。

按照人的本能，性是不该受到过于苛刻的压抑。在先秦时期，政府甚至鼓励年轻男女在春天的时候外出野合。但是自从孔子的那一套礼数出来之后，女子的贞洁就在几千年来被当作了比生命还重要的东西，婚前有性行为将受到非常严厉的惩罚。我们现在貌似生活在一个性开放的年代，似乎谁都可以恣意妄为，似乎用性真的能留住男人，不是到处都有人说男人是用下半身思考的动物吗？

在偶像剧里，但凡女主角付出了第一次，男主角个个都是要买账的，个个都发誓要为她负责到底。但是现实生活不是偶像剧，男人最大的谎言就是"我不在乎你是不是处女"。如果哪个女人在失去了贞洁之后哭着喊着要他负责的话，肯定会让人觉得很好笑。有的女人，天生欠缺爱，欠缺安全感，所以往往很心急，生怕抓不住他的爱，总是稀里糊涂地草草献身，结果被当成了男人炫耀的资本和随意丢弃的草根。绝大多数男人自己可以不是处男，但是却又要求未来的妻子必须是处女。

女人要相信，真正爱你的男人，不会在婚前用性来作为衡量爱情深浅的尺寸。

小洁在与一个男人相识不到十天就发生了关系，那天她跑来和朋友说，她和他住在一起了。朋友很惊讶。看她一脸幸福，朋友没多说什么。她说那个男人对她很好，朋友笑了笑，没说话。结果没多久她就被抛弃了！朋友去问那个男人怎么回事的时候，他却说："没什么啊，不合适就分喽，有什么啊，不都是这样吗？"

半年后，小洁和追她的一个男人结婚了。可是结婚后原本很本分的一个男人却动不动就以她曾经的"经历"来作为理由，心安理得地去外面找别的女人。

别看这个社会表面上很开放，但骨子里还是很传统的。许多未婚男人可以在婚前"名正言顺"地和女人发生婚前性行为，或者"始乱终弃"，但他们却不能容忍自己的妻子婚前"失贞"。

有的时候，男人的处女情结还非常的偏激，不少男人都是非处女不娶的。

这就是男人的逻辑。男人的感情和性欲，是分得很清楚的，他们对于自己爱的女人，重情重义。他们不会因为和某个女人发生了关系就爱上这个女人，也不会因为继续和某个女人上床而对这个女人重新产生爱情。不要心存幻想，妄图通过和自己喜欢的男人发生关系，而让这个男人爱上自己，这太过于冒险。除非是你非常爱那个男人，可以无怨无悔地付出，否则的话，女人们最好把男人们那些甜言蜜语屏蔽掉，理智对待贞操问题。如果爱，不妨明确告诉他，也要得到他一个明确的态度，不要用一种含糊不清的方式来界定你们的关系，也不要试图通过牺牲自己的身体来唤起这个男人的亲昵和爱情。这一招，对男人而言求之不得，对女人而言，却是徒劳无益。

第二节

给欲望一个合理的限度

欲望让你的人生烦恼不安

我们接受教育和训练的目的是什么呢？难道是为了得到别人口头上的称赞吗？当然不是，其实在这个世界上真正值得尊重的事情并不是那种无价值的所谓名声，而是根据自身恰当的结构推动自己，即使自己不屈服于身体的引诱，不被感官压倒，只做自己应该做的事情，而不追求其他多余的东西，即不产生任何欲望。

人的一生是短暂的，很快我们就将化为灰尘，被世界遗忘。

一个名称——甚至连名称也没有——而名称只是声音和回声。既然生命如此短暂，那在生活中被我们高度重视的东西也就是空洞的、易朽的和琐屑的，至于在肉体和呼吸之外的一切事物，要记住它们既不是属于你的也不是你力所能及的。

有人问智者："白云自在时如何？"智者答："争似春风处处闲！"

那天边的白云什么时候才能逍遥自在呢？当它像那轻柔的春风一样，内心充满闲适，本性处于安静的状态，没有任何的非分追求和物质欲望，放下了时间的一切，它就能逍遥自在了。

保持自己的理性，放下世间的一切假象，不为虚妄所动，不为功名利禄所诱惑，一个人才能体会到自己的真正本性，看清本来的自己。否则，我们只能使自己的心灵处在一种烦恼不安的状态之中。就好像种植葡萄的人目的在种而不在收，如果还要希望自己的葡萄比别人大、比别人多，那他产生的这种欲望将会使自己失去心灵上的自由。因为他会变得不知足，会变得妒忌、吝

啬、猜疑，会变得反对那些比他拥有更多葡萄的人。

县城老街上有一家铁匠铺，铺子里住着一位老铁匠。时代不同了，如今已经没人再需要他打制的铁器，所以，现在他的铺子改卖拴小狗的链子。

他的经营方式非常古老和传统。人坐在门内，货物摆在门外，不吆喝，不还价，晚上也不收摊。你无论什么时候从这儿经过，都会看到他在竹椅上躺着，微闭着眼，手里是一只半导体收音机，旁边有一把紫砂壶。

当然，他的生意也没有好坏之说。每天的收入正好够他喝茶和吃饭。他老了，已不再需要多余的东西，因此他非常满足。

一天，一个文物商人从老街上经过，偶然间看到老铁匠身旁的那把紫砂壶，因为那把壶古朴雅致，紫黑如墨，有清代制壶名家戴振公的风格。他走过去，顺手端起那把壶。壶嘴内有一记印章，果然是戴振公的。商人惊喜不已，因为戴振公在世界上有捏泥成金的美名，据说他的作品现在仅存三件：一件在美国纽约州立博物馆；一件在中国台湾“故宫博物院”；还有一件在泰国某位华侨手里，是那位华侨 1993 年在伦敦拍卖会，以 56 万美元的拍卖价买下的。商人端着那把壶，想以 10 万元的价格买下它，当他说出这个数字时，老铁匠先是一惊，然后很干脆地拒绝了，因为这把壶是他爷爷留下的，他们祖孙三代打铁时都喝这把壶里的水。

虽然壶没卖，但商人走后，老铁匠有生以来第一次失眠了。这把壶他用了近 60 年，并且一直以为是把普普通通的壶，现在竟有人要以 10 万元的价钱买下它，他转不过神来。

过去他躺在椅子上喝水，都是闭着眼睛把壶放在小桌上，现在他总要坐起来再看一眼，这种生活让他非常不舒服。特别让他不能容忍的是，当人们知道他有一把价值连城的茶壶后，来访者络绎不绝，有的人打听还有没有其他的宝贝，有的甚至开始向他借钱。他的生活被彻底打乱了，他不知该怎样处置这把壶。当那位商人带着 20 万现金，再一次登门的时候，老铁匠没有说什么。他招来了左右邻居，拿起一把斧头，当众把紫砂壶砸了个粉碎。

现在，老铁匠还在卖拴小狗的链子，据说，他现在已经 106 岁了。

通过这个故事证明，"人到无求品自高"，人无欲则刚，人无欲则明。无欲能使人在障眼的迷雾中辨明方向，也能使人在诱惑面前保持自己的人格和清醒的头脑，不丧失自我。在这个充满诱惑的花花世界里，要想真正做到没有一丝欲望，毫无牵挂的确很难。

可以有欲望，但不可有贪欲

伊索有句话说："许多人想得到更多的东西，却把现在所拥有的也失去了。"对于生活，普通的老百姓没有那么多言辞来形容，但是他们有自己的一套语言。于是，老人们会在我们面前念叨：做人啊，要本分，不要丢了西瓜捡芝麻。这个道理其实与文化人伊索说的是一样的。

的确，人生的沮丧很多都是源于得不到的东西，我们每天都在奔波劳碌，每天都在幻想填平心里的欲望，但是那些欲望却像是反方向的沟壑，你越是想填平，它就越向下凹得越深。

　　欲望太多，就成了贪婪。贪婪就好像一朵艳丽的花朵，美得你兴高采烈、心花怒放，可是你在注意到它的娇艳的同时，却忘了提防它的香气，那是一种让你身心疲惫却永远也感受不到幸福的毒药。从此，你的心灵被索求所占据，你的双眼被虚荣所模糊。

　　年轻的时候，艾莎比较贪心，什么都追求最好的，拼了命想抓住每一个机会。有一段时间，她手上同时拥有 13 个广播节目，每天忙得昏天暗地，她形容自己："简直累得跟狗一样！"

　　事情总是对立的，所谓有一利必有一弊，事业愈做愈大，压力也愈来愈大。到了后来，艾莎发觉拥有更多、更大不是乐趣，反而成为一种沉重的负担。她的内心始终有一种强烈的不安笼罩着。

　　1995 年，"灾难"发生了，她独资经营的传播公司日益亏损，交往了七年的男友和她分手……一连串的打击直奔她而来，就在极度沮丧的时候，她甚至考虑结束自己的生命。

　　在面临崩溃之际，她向一位朋友求助："如果我把公司关掉，我不知道我还能做什么？"朋友沉吟片刻后回答："你什么都能做，别忘了，当初我们都是从'零'开始的！"

　　这句话让她恍然大悟，也让她勇气再生："是啊！我们本来就是一无所有，既然如此，又有什么好怕的呢？"就这样念头一转，她不再沮丧。没想到，在短短半个月之内，她连续接到两笔很大的业务，濒临倒闭的公司起死回生。

历经这些挫折后，艾莎体悟到了人生"无常"的一面：费尽了力气去强求，虽然勉强得到，最后留也留不住；而一旦放空了，随之而来的可能是更大的能量。她学会了"舍"。为了简化生活，她谢绝应酬，搬离了150平方米的房子，索性以公司为家，挤在一个10平方米不到的空间里，淘汰不必要的家当，只留下一张床、一张小茶几，还有两只做伴的小狗。

艾莎这才发现，原来一个人需要的其实那么有限，许多附加的东西只是徒增无谓的负担而已。

人人都有欲望，都想过美满幸福的生活，都希望丰衣足食，这是人之常情。但是，如果把这种欲望变成不正当的欲求，变成无止境的贪婪，那无形中就成了欲望的奴隶。

在欲望的支配下，我们不得不为了权力、为了地位、为了金钱而削尖了脑袋向里钻。我们常常感到自己非常累，但仍觉得不满足，因为在我们看来，很多人生活得比自己更富足，很多人的权力比自己的大。所以我们别无出路，只能硬着头皮往前冲，在无奈中透支着体力、精力与生命。

这样的生活，能不累吗？被欲望沉沉地压着，能不精疲力竭吗？静下心来想一想：有什么目标真的非要实现不可，又有

什么东西值得我们用宝贵的生命去换取？

过多的欲望会蒙蔽你的幸福

人很多时候是很贪心的，就像很多人形容的那样：吃自助的最高境界是——扶墙进，扶墙出。进去扶墙是因为饿得发昏，四肢无力，而扶墙出则是因为撑得路都走不了。人愿意活受罪是因为怕吃亏。而有些时候，人总是对自己不满，还是因为太贪心，什么都想得到。

很多人常常抱怨自己的生活不够完美，觉得自己的个子不够高、自己的身材不够好、自己的房子不够大、自己的工资不够高、自己的老婆不够漂亮，自己在公司工作了好几年了却始终没有升职……总之，对于自己拥有的一切都感到不满，觉得

自己不幸福。真正不快乐的原因是：不知足。一个人不知足的时候，即使在金屋银屋里面生活也不会快乐，一个知足的人即使住在茅草屋中也是快乐的。

剑桥教授安德鲁·克罗斯比说：真正的快乐是内心充满喜悦，是一种发自内心对生命的热爱。不管外界的环境和遭遇如何变化，都能保持快乐的心情，这就需要一种知足的心态。知足者常乐，因为对生活知足，所以他会感激上天的赠予，用一颗感恩的心去感谢生活，而不是总抱怨生活不够照顾自己。

有一个村庄，里面住着一个左眼失明的老头儿。

老头儿9岁那年一场高烧后，左眼就看不见东西了。他爹娘顿时泪流满面，一个独生的儿子瞎了一只眼睛可怎么办呀！没料他却说自己左眼瞎了，右眼还能看得见呢！总比两只眼都瞎了要好！比起世界上的那些双目失明的人，不是要强多了吗？儿子的一番话，让爹娘停止了流泪。

老头儿的家境不好，爹娘无力供他读书，只好让他去私塾里旁听。他的爹娘为此十分伤心，他劝说道："我如今也已识了些字，虽然不多，但总比那些一天书没念，一个字不识的孩子强多了吧！"爹娘一听也觉得安然了许多。

后来，他娶了个嘴巴很大的媳妇。爹娘又觉得对不住儿子，而他却说和世界上的许多光棍汉比起来，自己是好到天上去了！这个媳妇勤快、能干，可脾气不好，把婆婆气得心口作痛。他劝母亲说："天底下比她差得多的媳妇还有不少。媳妇脾气虽是暴躁了些，不过还是很勤快，又不骂人。"爹娘一听真有些道理，怄的气也少了。

老头儿的孩子都是闺女，于是媳妇总觉得对不起他们家，老头儿说世界上有好多结了婚的女人，压根儿就没有孩子。等日后我们老了，5个女儿女婿一起孝敬我们多好！比起那些虽有儿子几个，却妯娌不和，婆媳之间争得不得安宁要强得多！

可是，他家确实贫寒得很，妻子实在熬不下去了，便不断抱怨。他说："比起那些拖儿带女四处讨饭的人家，饱一顿饥一顿，还要睡在别人的屋檐下，弄不好还会被狗咬一口，就会觉得日子还真是不赖。虽然没有馍吃，可是还有稀饭可以喝；虽然买不起新衣服，可总还有旧的衣裳穿，房子虽然有些漏雨的地方，可总还是住在屋子里边，和那些讨饭维持生活的人相比，日子可以算是天堂了。"

老头儿老了，想在合眼前把棺材做好，然后安安心心地走。

可做的棺材属于非常寒酸的那一种，妻子愧疚不已，而老头儿却说，这棺材比起富贵人家的上等柏木是差远了，可是比起那些穷得连棺材都买不起，尸体用草席卷的人，不是要强多了吗？

老头儿活到72岁，无疾而终。在他临死之前，对哭泣的老伴说："有啥好哭的，我已经活到72岁，比起那些活到八九十岁的人，不算高寿，可是比起那些四五十岁就死了的人，我不是好多了吗？"

老头儿死的时候，神态安详，脸上还留有笑容……

老头儿的人生观，正是一种乐天知足的人生观，永远不和那些比自己强的人攀比，用自己的拥有与那些没有拥有的人进行比较，并以此找到了快乐的人生哲学。人生不就这样吗？有总比没有强多了。

很多时候，我们就缺少老头儿的这种心境，当我们抱怨自己的衣服不是名牌的时候，是否想到还有很多人连一套像样的衣服都没有；当我们抱怨自己的丈夫没有钱的时候，可否想到那些相爱但却已阴阳两重天的人；当我们抱怨自己的孩子没有拿到第一的时候，是否想到那些根本上不起学的孩子；当我们抱怨工作太累的时候，可否想到那些在街上摆着小摊的小贩们，他们每天起早贪黑，他们根本没有工夫去抱怨……其实，我们已经过得很好了，我们能够在偌大的城市拥有着自己的房子，哪怕只是租的，我们不用为吃饭发愁，我们拥有着体贴的妻子，可爱的孩子，有着依旧对自己牵肠挂肚的父母……实际上我们已经拥有的够多了，还有什么不满意的呢？快乐也是在知足中获得的。

给自己的欲望打折

人，是有欲望的，所以永远得不到满足，永远在为自己攫取着，最后终于沦为私欲的奴隶，把自己的心灵变成了地狱。而当一个人的人生走向终点时，他才会发现，人，是不会从他过多拥有的东西中得到乐趣的，而这些东西却总是以一种魔力引诱着人去追逐，失去理智也在所不辞。于是世界上成千上万的人带着这些东西走向了坟墓，悲哀而无奈。

一位虔诚的教徒受到天堂和地狱问题的启发，希望自己的生活过得更好，他找到先知伊里亚。

"哪里是天堂，哪里是地狱？"伊里亚没有回答他，拉着他的手穿过一条黑暗的通道，来到一座大厅。在大厅的中央放着一口大铁锅，里面盛满了汤，下面烧着火。整个大厅中散发着汤的香气。大锅周围一挤满两腮凹进，带着饥饿目光的人，都在设法分到一份汤喝。

但那勺子太长太重，饥饿的人们贪婪地拼命用勺子在锅里搅着，但谁也无法把汤送到自己的嘴里。有些鲁莽的家伙甚至烫了手和脸，还溅在旁边人的身上。于是大家争吵起来，人们竟挥舞着本来为了解决饥饿的长勺子大打出手。

先知伊里亚对那位教徒说："这就是地狱。"

他们离开了这座房子，再也不忍听他们身后恶魔般的喊声。他们又走进一条长长的黑暗的通道，进入另一间大厅。这里也有许多人，在大厅中央同样放着一大锅热汤。就像地狱里所见的一样，这里勺子同样又长又重，但这里的人营养状况都很好。大厅里只能听到勺子放入汤中的声音。这些人总是俩人一对在工作：一个把勺子放入锅中又取出来，将汤给他的同伴喝。如果一个人觉得汤勺太重了，另外的人就过来帮忙。这样每个人都在安安静静地喝。当一个人喝饱了，就换另一个人。

先知伊里亚对他的教徒说："这就是天堂。"

被私欲蒙蔽心智的人在地狱中。因为只想满足自己的私欲所以谁也不懂得分享的美好，无论是谁都喝不到锅里的汤。如果你心里只有自己，就只能下地狱。这就是内心充满私欲的结局，实在是可怜。你自己的私欲往往就是你亲手为自己掘的一座坟墓。

私欲是一切生物的共性，所不同的是其他生物的私欲是有限的，人的私欲是无限的。正因为如此，人的不合理的私欲必须要受到社会公理、道义、法律的制约，否则这个社会就不属正常的社会。

要求人一点儿私欲都没有是不可能的：我们总是在做我们内心想做的事情。从这个角度说，每个人都是自私的，但自私并不都那么可怕，可怕的是私欲太盛，利令智昏，时时处处以自己为中心，以损公肥私和损人利己为乐事，一切围着自己想问题，一切围着自己办事情，在满足其一己之私的过程中，不惜损害公益事业，不惜妨害他人利益。这样的人谁不怕？怕的时间长了，也就如同瘟疫一样，人们避之唯恐不及；怕的人多了，也就如过街老鼠一样，人人见之喊打。这样的人即便是比别人多捞取了一些利益，也不会获得真正意义上的幸福。如果说，他们也侈谈什么成功，充其量不过是鸡鸣狗盗的成功，没有任何值得骄傲和自豪的。

"点燃别人的房子，煮熟自己的鸡蛋。"英国的这句俗话，形象地揭示了那些妨害他人利益的自私行为。而这样的人，等待他们的只有自酿的苦果。

第三节

贪婪，最后吞噬的是自己

幸福离不开钱，但有钱不一定幸福

挣钱为了什么？这似乎是一个再简单不过的问题，但现实中却并不像想象的那么简单。

在外人眼里，他和她很穷。都是从农村出来的大学生，各自做着一份早出晚归的工作。

结婚的时候双方父母没有帮凑多少，两个人把积蓄加在一起，付了一套一居室的首付，剩下的分20年还清。一个人的工资养房，一个人的工资养家。

房子是顶楼，在寸土寸金的城市里，他们没有多余的钱装修，橱柜、鞋柜、梳妆台、衣橱都是他自己用业余时间借来工具买来材料亲手打造的。

"麻雀虽小，五脏俱全"，今年添一个热水器，明年添一台电脑……慢慢地，家里的电器竟然也添置齐全了。

面包有时都吃不上，玫瑰花就更奢侈了。日子过得青黄不接的时候，连续几天饭桌上的主打菜都是白菜和土豆。醋熘白菜、凉拌菜心、海米白菜、凉拌土豆丝、辣炒土豆片……

他惊讶地看着她不知从哪里学来的这些花样，每餐都吃得津津有味。

情侣之间那些值得纪念的日子诸如情人节、生日、结婚纪念日，他总是能带给她一些惊喜。一个精致的钥匙链、一个存放硬币的卡通钱包、一本她渴望已久的新书、一条她一见倾心的丝巾……这些礼物都不贵，甚至有的都不花钱，但每次她都喜笑颜开。

她喜欢吃零食和水果，为此他戒掉了十几年的烟瘾，省出钱给她买爱吃的话梅、新鲜的时令水果。他喜欢吃水饺，最初她买速冻水饺回家煮，慢慢地学会了自己调馅、自己和面、自己擀皮，自己包水饺。

她身上的衣服都是从路边小店淘来的，穿在身上却总是显得与众不同；他有几身名牌西装，除了出席一些正式场合，他更喜欢一些休闲的服饰。他们把省下的置装费用来孝敬乡下的父母，减轻老人的负担。

房子冬冷夏热，北方的冬天室内都能结冰，交不起暖气费，每天下班回到家里，他总是争着抢着去冰冷的厨房里做饭，给她插好电热毯，让她在床上盖上被子取暖。

夏天的时候房子像着了火，尤其是晚上，房间里的温度像一个高烧不退的病人，让人无法入睡，她总是想尽一切办法给房间降温，白天上班拉上窗帘，下班回到家里就一遍一遍地拖地。

他们的房子很小，衣食也很简单，他们的日子过得很节俭，私家车离他们很遥远，五星级酒店的山珍海味和他们不沾边，乘火车坐飞机四处游山玩水更是不现实，可是他们离幸福很近。

也许人们太在意对金钱拥有的多少，而忽略了对幸福的体会，无论你伟大还是平庸、高贵还是平淡，一份惊喜、一次感动，只要你愿意，你都有幸福的理由，你都能悟到幸福的所在。一顿久别重逢的团圆饭，一段真心以对的恋情，一碗热腾腾的手擀面……幸福的感觉有时是不能直接同钱的多少划等号的，事实上当人的基本生存条件得以满足时，幸福的感觉便更显得尤为重要。幸福在哪里，其实幸福就在我们心中，一个安稳踏实的梦、一个和谐温馨的家、一个可以停靠的臂膀……有时细想一下，我们能活着本身就是一种幸福，苦难使人懂得了珍惜，挫折使人学会了坚强。人总是在追求中充实，在坎坷中成长，在自己心灵的舞台上，你永远都是主角，所以还是尽情地享受生命带给我们的乐趣吧，此时的你很幸福，也很富有。

贪的越多，失去的也越多

一位智者在山中溪水里找到了一颗宝石。

第二天他遇到了一位饥饿的行者，智者打开自己的背包，把食物分给他吃。

饥饿的行者看到了那颗宝石，请求智者把宝石给他。智者毫不犹豫地把宝石给了他。

行者离开了，为自己的好运高兴不已。他知道这颗宝石价值连城，他一生都可享用不尽。

但几天之后，他回来了，把宝石还给了智者。

"我一直在想，"他说，"我知道这颗宝石有多么值钱，我还给你是希望你能给我更加值钱的东西。你能把这颗宝石给我，你身上一定有更为值钱的东西。"

智者拿回了宝石，瞬间就消失了。

空留行者两手空空，愣在原地。

我们的痛苦和烦恼大都来源于贪欲，源自于不满足。我们人生的苦难也是如此。我们永远不知足，所以，永远无法脱离苦海。

古时，有一婆婆心地善良，在家吃斋修行。一日在家诵读经文，忽听外边有人卖香，婆婆随即出去买香，以备敬佛之用。

到街市一看，卖香人乃一位出家化缘的僧人，婆婆心中欢喜，心想：能买到出家僧人的东西，那也是上等的缘分。

故此，婆婆上前施礼道："请称香料二斤。"

出家人闻得，便随手在香袋中抓出一把，说："二斤也。"

婆婆接过香料后不太相信，想拿回家称一称，然后再付钱。

出家僧人说道："请施主自便好了。"

婆婆回家一称香料，不多不少、足足三斤也。婆婆心中暗想：他说二斤，我就给二斤香料钱，反正他也不知道有多少。

随即便出得屋来，告诉出家僧人说："这位师父好眼力，整二斤也。"

出家僧人说道："我说二斤你不信，非要称一称，真是麻烦！"

说完便收了婆婆二斤香料钱，自东向西扬长而去。

离此不远有一酒家，出家僧人到此歇脚，坐下后，买了一壶酒、一只猪腿，自饮自吃。

再说那位买香的婆婆，将香收好后，心中为贪得一时便宜而十分高兴，给佛上了香后想到邻居家串门，恰经过酒家门前，抬眼看见出家僧人在独自吃肉喝酒，心中顿生烦恼，感到自己买的香似有什么不妥，心中疑惑：买这样僧人的香回去敬佛好吗？

于是禁不住上前施礼问道："出家僧人应谨守清规戒律，一心向佛修行，你既是出家僧人，为何吃肉喝酒？难道是假冒出家人？"

出家僧人听得此言，非但不恼，反而一笑，说道："女施主请这边坐，我知道施主为何气恼，不妨听老僧几句良言，悟者，自然受益。"

僧人说："施主听清了：施主只修口来不修心，错把我三斤当二斤；老僧是修心不修口，既吃肉来又喝酒。"

当下说得这婆婆满面通红、深感惭愧、非常自责，沉思良久，欲再问以求指点，抬头望之，已空无一人，方知乃神佛降临，指点迷津，于是跪地便拜。

自此以后，婆婆幡然醒悟，重新摆正了自己的心态，戒除贪念。

如果想拥有更多，就会贪得越多，失去也会越多，所以，只有知足才能常乐。

"名利"是把双刃剑

人生是什么暂且不论，名利乃身外之物却最能累人。凡是把名利看得很重的人，必将被名缰利锁所困扰。现实中有不少这样的人，当名利尚未得到时，他会精心竭力、惨淡经营，甚至把名利当作自己生命的支柱而孜孜追求，待名利得到后，还要机关算尽、战战兢兢、如履薄冰，唯恐一个闪失而丢官失利，弄得自己身心憔悴，未老先衰，宁愿承受如此这般的非人折磨，就是拥有不了淡泊名利、笑看人生的做人心态。

从前有个国王叫狄奥尼西奥斯，他统治着西西里最富庶的城市西拉库斯。他住在一座美丽的宫殿里，里面有无数价值连城的宝贝，一大群侍从恭候两旁，随时等候吩咐。

狄奥尼西奥斯有如此多的财富、如此大的权力，自然很多人都羡慕他的好运，达摩克利斯就是其中之一，他是狄奥尼西奥斯最好的朋友之一。达摩克利斯常对狄奥尼西奥斯说："你多幸运呀，你拥有人们想要的一切，你一定是世界上最幸福的人。"

有一天，狄奥尼西奥斯听厌了这样的话语，问达摩克利斯："你真的认为我比别人幸福吗？""当然是的，"达摩克利斯回答，"看你拥有巨大的财富，握有巨大的权力，你根本一点烦恼都没有，还有什么比这更美满的呢？"

"或许你愿意跟我换换位置。"狄奥尼西奥斯说。"噢，我从没想过，"达摩克利斯说，"但是只要有一天让我拥有你的财富和幸福，我就别无他求了。""好吧，跟我换一天，你就知道了。"

就这样，达摩克利斯被领到王宫，所有的仆人都被引见到达摩克利斯跟前，听他使唤。他们给他穿上皇袍，戴上金制的王冠。他坐在宴会厅的桌边，桌上摆满了美味佳肴。鲜花，美酒，稀有的香水，动人的乐曲，应有尽有。他坐在松软的垫子上，感到自己成了世上最幸福的人。

"噢，这才是生活。"他对坐在桌子那边的狄奥尼西奥斯感叹道，"我从来没有这么尽兴过。"他举起酒杯的时候，抬眼望了一下天花板，头上悬挂的是什么？尖端要触到自己的头了！达摩克利斯的身体僵住了，笑容从唇边消逝，脸色煞白，双手颤抖。他不想吃，不想喝，也不想听音乐了。他只想逃出王宫，越远越好，哪儿都行。他头顶正悬着一把利剑，仅用一根马鬃系着，锋利的剑尖正对准他双眉之间。他想跳起来跑掉，可还是忍住了，他怕突然一动会扯断细线，使剑掉落下来。他僵硬地坐在椅子上，一动不动。"怎么啦，朋友？"狄奥尼西奥斯问，"你好像没胃口了。"

"那把剑！剑！"达摩克利斯小声说，"你没看见吗？""当然看见了，"狄奥尼西奥斯说，"我天天看见，它一直悬在我头上，说不定什么时候、什么人或物就会斩断那根细线。或许哪个大臣垂涎我的权力欲杀死我，或许有人散布谣言让百姓反对我，或许邻国的国王会派兵夺取王位。如果你想做统治者，你就必须冒各种风险，风险与权力同在，这你知道。"

"是的，我知道了。"达摩克利斯说，"我现在明白我错了。除了财富、荣誉外，你还有很多忧虑。请回到你的宝座上去吧，让我回到我自己的家。"达摩克利斯在有生之年，再也不想与国王换位了，哪怕是短暂的一刻。

达摩克利斯和国王进行角色互换后，突然发现伟大权力和财富的背后，居然隐藏那么多的危险。其实，人生就是这样，我们总会对财富和权力有很强的占有欲，却常常会忽略到这些贪欲诱惑背后的危险。

从古至今，有多少人挣扎在名利场上，正所谓，"天下熙熙，皆为利来；天下攘攘，皆为利往。"在今天，人们生活的节奏越来越快，生活的要求也越来越高，且不说生活，就是活着，都有着太多的压力，太多的诱惑，太多的欲望，当然也伴随着太多的痛苦。因此，只有常怀一颗淡泊心，我们才能在当今社会愈演愈烈的物欲和令人眼花缭乱的世相百态面前凝神静气，坚守自己的精神家园，执着追求自己的人生目标。如此，我

们也就获得了人生幸福之门的钥匙。

不要让欲望拖垮你

奥地利经济学家庞巴维克在于1888年出版的《资本实证论》中，在论述边际效用时，讲到了这样一个故事。

一个农民独自在原始森林中劳动和生活。他收获了5袋谷物，这些谷物要使用一年。他是一个善于精打细算的人，因而精心安排了5袋谷物的计划。第一袋谷物为维持生存所用。第二袋是在维持生存之外增强体力和精力的。此外，他希望有些肉可吃，所以留第三袋谷物饲养鸡、鸭等家禽。他爱喝酒，于是他将第四袋谷物用于酿酒。对于第五袋谷物，他觉得最好用它来养几只他喜欢的鹦鹉，这样可以解闷。显然，这五袋谷物的不同用途，其重要性是不同的。假如以数字来表示的话，将维持生存的那袋谷物的重要性可以确定为1，其余的依次确定为2、3、4、5。现在要问的问题是：如果一袋谷物遭受了损失，比如被小偷偷走了，那么他将失去多少效用？

故事中这位农民面前合理的选择，就是先用剩下的4袋谷物满足最迫切的4种需要，而放弃最不重要的需要。最不重要的需要，也就是经济学上所说的边际效用最低的部分。庞巴维克发现，边际效用量取决于需要和供应之间的关系。要求满足的需要越多和越强烈，可以满足这些需要的物品量越少，那么得不到满足的需要就越重要，因而物品的边际效用就越高。反之，边际效用和价值就越低。经济学家认为，人之所以执着地追求幸福，就是因为幸福能给人带来效用，即生理上和精神上的满足。

农夫拥有的 5 袋谷物，就好像是幸福能为我们带来的不同层级的效用——有健康，有美食，也有精神的享受。我们追求幸福其实就是为了追求需求的满足，幸福效用的实现。不过，幸福终究逃不脱边际效用递减的厄运，好不容易实现的幸福很快就会让你不满足，追求幸福的道路因此注定永远没有尽头。

曾经有一个笑话说，仙女答应一个凡人会给他实现一个愿望，不过只能是一个。凡人思虑良久说，好吧，我的愿望是：让我拥有无数次许愿的机会。可惜人生没有实现无数个愿望的机会，那么，好好地珍惜现在拥有的。有一个人想得到一块土地，地主就对他说："清早，你从这里往外跑，跑一段就插个旗杆，只要你在太阳落山前赶回来，插上旗杆的地都归你。"这个人就不要命地跑，太阳偏西了还不知足。太阳落山前，他跑回来了，但已精疲力竭，摔个跟头就再没起来。于是有人挖了个坑，就地埋了他。牧师在给这个人做祷告的时候说："一个人要多少土地呢？就这么大。"

其实，人人都有欲望，都想过美满幸福的生活。但是，如果把这种欲望变成不正当的

欲求，变成无止境的贪婪，我们就成了欲望的奴隶了。我们所拥有的东西不是越多越好，凡事要适可而止。懂得适可而止，欲望会带给你快乐；不懂得适可而止，欲望只能成为你的包袱。

有一个印第安人酋长对他的臣民说："上帝给每一个人一杯水，于是，你从里面体味生活。"生活确实就是一杯水，无色无味，对任何人都一样。你有权力加盐、加糖，只要你喜欢。你有欲望，不停地往杯子里加水，或者加糖，但必须适可而止，因为杯子的容量有限。啜饮的时候，你要慢慢地体味，因为你只有一杯水，水喝完了，杯子便空了。

生活中，很多人为了让自己那杯水色香味俱佳不停地往里面加各种各样的调料。诸如爱情、友情、金钱、喜、怒、哀、乐，等等，所以都感觉活得非常"累"。其实，只要你适度地、有选择地放入调料，你的生活便会过得有滋有味。

第四章

习惯成自然……
为什么人会有命运

第一节

自控力改变习惯，习惯决定命运

习惯的力量无比巨大

习惯的力量是巨大的。1873 年，美国发明家克利斯托弗发明了世界上第一台打字机，键盘完全是按照英文字母的顺序排列的。慢慢地，他发现打字的速度一旦加快，键槌就很容易被卡住。他的弟弟给他出了一个主意，建议他把常用字的键符分开布局，这样每次击键的时候，键槌就不会因为连续击打同一块区域而卡死。经过这样不规则的排列后，卡键的次数果然大大减少，但同时打字速度也减慢了。在推销打字机的时候，在利润的驱动下，克利斯托弗对客户说，这样的排列可以大大提高打字速度，结果所有人都相信了他的说法。现在，人们已经习惯了这样的键盘布局，并始终认为这的确能提高打字速度。

国外一些数学家经过研究得出结论，目前的排列是最笨拙的一种，凭借目前的技术已经解决了卡键问题，可现在出现第二种

排列的键盘似乎不太可能，因为人们都习惯了。在强大的习惯面前，科学有时也会变得束手无策。

　　说起来你可能不信，一根矮矮的柱子，一条细细的链子，竟能拴住一头重达千斤的大象，可这令人难以置信的景象在印度和泰国随处可见。原来那些驯象人在大象还是小象的时候，就用一条铁链把它绑在柱子上。由于力量尚未长成，无论小象怎样挣扎都无法摆脱锁链的束缚，于是小象渐渐地习惯了而不再挣扎，直到长成了庞然大物，虽然它此时可以轻而易举地挣脱链子，但是大象依然选择了放弃挣扎，因为在它的惯性思维里，它仍然认为摆脱链子是永远不可能的。

　　小象是被实实在在的链子绑住的，而大象则是被看不见的习惯绑住的。

　　可见，习惯虽小，却影响深远。习惯对我们的生活有绝对的影响，因为它是一贯的。在不知不觉中，习惯经年累月地影响着我们的品德，决定我们思维和行为的方式，左右着我们的成败。看看我们自己，看看我们周围，好习惯造就了多少辉煌成果，而坏习惯又毁掉了多少美好的人生！习惯一旦形成，就极具稳定性。生理上的习惯左右着我们的行为方式，决定我们的生活起居；心理上的习惯左右着我们的思维方式，决定我们的接人待物。当我们的命运面临抉择时，是习惯帮我们做的决定。

习惯是什么

狗家族出了一条很有志气、很有抱负的小狗，它向整个家族宣布：要去横穿大沙漠，所有的狗都跑来向它表示祝贺。在一片欢呼声中，这只小狗带足了食物、水，然后上路了。3天后，突然传来了小狗不幸牺牲的消息。

是什么原因使这只很有理想的小狗牺牲了呢？检查食物，还有很多；水不足吗？也不是，水壶还有水。后来经过研究，终于发现了小狗牺牲的秘密——小狗是被尿憋死的。

之所以被尿憋死是因为狗有一个习惯——一定要在树干旁撒尿。由于大沙漠中没有树，也没有电线杆，所以可怜的小狗一直憋了3天，终于被憋死了。

狗是如此，人呢？

狗是习惯的动物，同样人也是习惯的产物，习惯中的高级动物。

一个人的行为方式、生活习惯是多年养成的。比如，与人交往的形式、与人沟通的方式、与人相处的模式……都是多年习惯累积慢慢成型的。孔子在《论语》中提到："性相近，习相远也。""少小若无性，习惯成自然。"意思是说，人的本性是很接近的，但由于习惯不同便相去甚远；小时候培养的品格就好像是天生就有的，长期养成的习惯就好像完全出于自然。

一句俗话说："贫穷是一种习惯，富有也是一种习惯；失败是一种习惯，成功也是一种习惯。"如果你重视观念和思考，那么，你对此可能会有一些同感。

习惯也称为惯性，是宇宙共同法则，具有无法阻挡的一股力量。"冬天来了，春天还会远吗？"这就是无法阻挡的一股力量；苹果离开树枝必然往下掉，同样是具有无法阻挡的一股力量。

没有惯性则没有力量，例如，静止的火车，要防止其滑行只需在每个驱动轮面前放一块 1 寸厚的木头就行了，但如果火车以每小时 100 公里的速度行驶的话，哪怕是一堵 5 尺厚的钢筋水泥墙也无法阻挡，可见惯性的力量多么巨大！

我们可以对"习惯"下一个定义：所谓的"习惯"，就是人和动物对于某种刺激的"固定性反应"，这是相同的场合和反应反复出现的结果。所以，如果一个人反复练习饭前洗手的话，那么这个行为就会融合到他更为广泛的行为中去，成为"爱清洁"的习惯。

习惯是某种刺激反复出现，个体对之做出固定性反应，久而久之形成的类似于条件反射的某种规律性活动。它包括生理和心理两方面，即能够直接观察及测量的外显活动和间接推知的内在心理历程——意识及潜意识历程。而且，心理上的习惯，即思维定势一旦形成，则更具持久性和稳定性，在更广泛的基础上，就成了性格特征。

习惯能成就一个人，也能够摧毁一个人

有一个猎人，他在一次打猎中捡回一只老鹰蛋，回到家里，他把老鹰蛋和母鸡正在孵的鸡蛋放在一起。

没过多久，小鹰和小鸡一起出世了。在母鸡的照顾下，小鹰很开心地和小鸡们生活在一起。

小鹰当然不知道自己是一只鹰，它和小鸡们一样学习鸡的各种生存本领。母鸡也不知道它是一只鹰，母鸡像教育其他小鸡那样教育小鹰。这只小鹰一直按照鸡的习惯生活。

在它们生活的地方，不时有老鹰从空中飞过。每当老鹰飞过时，小鹰就说："在天空飞翔多好啊，有一天我也要那样飞起来。"

听它这么说，母鸡每次都要提醒它："别做梦了，你只是一只小鸡！"

其他小鸡也一起附和："你只是一只鸡，你不可能飞那么高！"

被提醒的次数多了，小鹰终于相信它永远不可能飞那么高。小鹰再看到老鹰飞过时，它便主动提醒自己："我是一只小鸡，我不可能飞那么高。"

就这样，这只鹰到死那一天也没有飞翔过——虽然它拥有翱翔蓝天的翅膀和体格。

可见，习惯虽小，却影响深远。你可以遍数名载史册的成功人士，哪一个人没有几个可圈可点的习惯在影响着他们的人生轨迹呢？当然，习惯人人都有，我们的惰性和惯性会使我们不止一次地重复某些事情，而经常反复地做也就成了习惯，比如爱笑的习惯、吝啬的习惯，甚至于饭前洗手的习惯，等等。习惯有大有小，有好有坏，林林总总。

习惯决定命运。这里面隐藏着人类本能的秘诀。

看看我们自己，看看我们周围，看看芸芸众生，好习惯造就了多少辉煌成果，而坏习惯又毁掉了多少美好的人生！习惯一旦形成，它就极具稳定性，心理上的习惯左右着我们的思维方式，决定我们的待人接物；生理上的习惯左右着我们的行为方式，决定我们的生活起居。日常的生活本身就是习惯的反复应用，而一旦遇上突发事件，根深蒂固的习惯更是一马当先地冲到最前面，所以，当我们的命运面临抉择时，是习惯帮我们做的决定。

事物总是一分为二，凡事都有其两面性。习惯也是一样，有正面就有负面。正面的是好习惯，好习惯有助于我们的成功；而负面的是坏习惯，坏习惯则导致我们的失败。

例如，礼貌是一种好习惯，走到哪里都能够彬彬有礼、以礼相待的人一定会深受欢迎，拥有这种习惯的人则容易成功；相反，失礼就是一种坏习惯。

微笑是一种习惯，可以预先消除许多不必要的怨气，化解许多不必要的争执，而老是板着面孔的人走到哪里都会制造紧张气氛。

所以说，习惯决定命运。习惯是通往成功的最实际的保证，习惯也是通向失败的最直接的通道。

卓越是一种习惯，平庸也是一种习惯

　　在我们的工作和生活中，有很多效率低下的例子。例如有些人只知道一味地例行公事，而不顾做事的实际效果；他们总是采取一种被动的、机械的工作方式。在这种状态下工作的人，往往缺乏主观能动性和创造性，在工作中不思进取、敷衍塞责，总是为自己找借口，无休止地拖延……

　　另一方面，我们也可以看到很多做事高效的例子。例如有些人做起事来注重目标，注重程序，他们在工作中往往采取一种主动而积极的方式。他们工作起来对目标和结果负责，做事有主见，善于创造性地开展工作；工作中出现困难的时候会积极地寻找办法，勇于承担责任，无论做什么总是会给自己的上司一个满意的答复。

　　举一个例子来说吧，某公司的一位服务秘书接到服务单，客户要装一台打印机，但服务单上没有注明是否要配插线，这时，服务秘书有3种做法：

　　（1）开派工单。

　　（2）电话提醒一下商务秘书，看是否要配插线，然后等对方回话。

　　（3）直接打电话给客户，询问是否要配插线，若需要，就配齐给客户送过去。

第一种做法，可能导致客户的打印机无法使用，引起客户的不满；第二种做法，可能会延误工作速度，影响服务质量；第三种做法，既能避免工作失误，又不会影响工作效率。

显然，第三种做法就是一个高效做事的例子。

高效能人士与做事缺乏效率的人的一个重要区别在于：前者是主动工作、善于思考、主动找方法的人，他们既对过程负责，又对结果负责；而后者只是被动地等待工作，敷衍塞责，遇到困难只会抱怨，寻找借口。

另外，高效能人士不仅善于高效工作，同时也深谙平衡工作与生活的艺术。他们既不会为工作所苦，也不为生活所累。他们不是一个不重结果、被动做事的"问题员工"，也不是一个执着于工作，忽视了生活、整日为效率所苦的"工作狂"。

一个游刃于工作与生活之中的高效能人士应当具备很多素质，比如"做事有目标"，"能够正确地思考问题"，"是一个解决问题的高手"，"重视细节"，"高效利用时间"，"勇

于承担责任，不找借口"，"正确应对工作压力"，"善于把握工作与生活的平衡"，"善于沟通交际"，"拥有双赢思维"等等。

一位哲人说过："播下一种思想，收获一种行为；播下一种行为，收获一种习惯；播下一种习惯，收获一种性格；播下一种性格，收获一种命运。"要不断提升自己的素质，做一名合格的高效能人士，就要养成正确的工作和生活的习惯。

第二节

重塑习惯，改变命运

成功没有固定的模式

成功没有不变的模式，成功的道路千差万别。如果刻意地去模仿，非但不能成功，更会适得其反。

缺乏审时度势、客观分析的结果，不知气候，不问土壤，种子随意撒下去，哪有不吃亏的呢？

春秋时期，鲁国施姓人家有两个儿子，一个好学问，一个善兵法。他们都想以自己的专长谋得好前程。于是，好学问的到齐国，以仁义道德的治国理论游说国君，深得齐君赏识，被聘为公子们的老师；爱好兵法的到了楚国，把用兵打仗、强国拓疆的道理说给楚君。楚王很高兴，封他为执法将军。兄弟俩都当了大官。

孟氏是施家近邻，也有两个儿子，也是一个好学问，一个善军事。他们仿效施家儿子的做法，也出外谋富贵去了。好学问的到了秦国，用仁义道德劝说秦王，秦王非常生气，认为是帮倒忙。秦王说：各国纷争，秦国志在发展，此时最需要的是强军，如果只知仁义，岂非要走上灭亡之路。于是将他处了宫刑，而后逐出。好兵法的到了卫国，宣传他练武强兵的治国之道。卫侯说：卫国弱小，夹于大国之间，对于大国，卫国只能顺从以求安；对于小国，只能安抚以得友。倘若武力对外，到处树敌，则灭亡的日子不远了。为免此人到其他国家宣传武功，于己不利，卫国遂将他的双脚砍掉，送回鲁国。

施孟两家兄弟，所好相同，所得结果迥异。原因何在？完全是空间视角的缘故。同样一种理论，一种方法，在甲地行得通，在乙地行不通，这是不奇怪的。

因为甲乙两地地况不同，齐国强盛，无人敢欺，它急需的是国内治理，是内在实力，因而仁义道德的治国之术正合齐侯口味；楚国志在拓展疆土，使列国臣服，称雄天下，欲与秦一争高低，军力的扩张正是楚王梦寐以求的。

施氏二子怀揣学识才能，各自选准了对象，选准了空间，投其所好，因而，都有好结果。孟氏二子就不够聪明了，到一心想要以武力统一天下的秦国兜售仁义道德，让他们放下武器讲仁义，岂不是自讨苦吃，自寻没趣？同样，到在夹缝中苟且偷安、勉强得以安身的卫国推销强兵之策，把卫国推向水火，当然也得不到欢迎。可见，关注思维对象所处的空间，充分考虑思维对象所处的环境，才能突破习惯窠臼。

播种行为，收获习惯

比尔·盖茨认为，是 4 种良好的习惯——守时、精确、坚定以及迅捷——造就了成功的人生。没有守时的习惯，你就会浪费时间、空耗生命；没有精确的习惯，你就会损害自己的信誉；没有坚定的习惯，你就无法把事情坚持到成功的那一天；而没有迅捷的习惯，原本可以帮助你赢得成功的良机，就会与你擦肩而过，而且可能永不再来。

亚伯拉罕·林肯是通过勤奋的训练才练成了他讲话简洁、明了、有力的演讲风格。温德尔·菲里普斯也是通过艰苦的练习才练就了他那出色的思考能力和杰出的交谈能力。

常言道："播种一种行为，就会收获一种习惯；播种一种习惯，就会收获一种性格。"好的习惯主要依赖于人的自我约束，或者说是依靠人对自我欲望的否定。然而，坏的习惯却像芦苇和杂草一样，随时随地都能生长，同时它也阻碍了美德之花的成长，使一片美丽的园地变成了杂草丛生的芦苇丛。那些恶劣的习惯一朝播种，往往 10 年都难以清除。

当人到了 25 岁或 30 岁的时候，我们就很难发现他们会再有什么变化，除非他现在的生活与少年时相比有了巨大的改变。但

令人欣慰的是，当一个人年轻的时候，尽管养成一种坏习惯很容易，但要养成一种好习惯同样容易；而且，就像恶习会在邪恶的行为中变得严重一样，良好的习惯也会在良好的行为中得到巩固与发展。

习惯的力量是一种使所有生物和所有事物都臣服在环境影响之下的法则。这个法则可能会对你有利，也可能对你不利，结果如何全由你的选择而定。

当你运用这一法则时，连同积极心态一起应用，所产生的力量是巨大的，而这就是你思考致富或实现任何你所希望的事情的根本驱动。

也许你并没有很好的天赋，但是，一旦你有了好的习惯，它一定会给你带来巨大的收益，而且可能超出你的想象。

那么，如何破除恶习，而代之以良好习惯呢？这样的改变往往在一个月内就可完成。办法如下：

（1）选择适当时间。事不宜迟，想改变习惯而又一再地拖延，你会更加害怕失败。在较为轻松的日子，所下的决心即使面临考验也较易应付，因此选择的月份应没有亲朋好友来你家小住，也没有太多限期完成的工作待办。不要选择年底之前，年底既要准备过节，又要赶做年终的工作，不免忙碌紧张，那种压力只会使恶习加深，令人故态复萌。

（2）运用意愿力而非意志力。习惯之所以形成，是因为潜意识把这种行为跟愉快、慰藉或满足联系起来。潜意识不属于理性思考的范畴，而是情绪活动的中心。"这种习惯会毁掉你的一生。"理智这样说，潜意识却不理会，它"害怕"放弃一种一向令它得到安慰的习惯。

运用理智对抗潜意识，简直难以制胜。因此，要戒掉恶习，意志力不及意愿力有效。

（3）找个替代品。另外培养一种新的好习惯，那么破除坏习惯就会容易得多。

有两种好习惯特别有助于戒除大部分的坏习惯。第一种是采用一个有营养和调节得宜的食谱。情绪不稳定使人更依赖坏习惯所带来的慰藉，防止因不良饮食习惯而造成的血糖时升时降，有助于稳定情绪。

第二种是经常做适度运动。这不仅能促进身体健康，也会刺激脑啡（脑内一种天然类吗啡化学物质）的产生。近年来科学研究指出，慢跑的人能够感受到自然产生的"奔跑快感"，全是脑啡的作用。

（4）按部就班。一旦决定改变习惯，就拟定当月的目标。要切合实际，善于利用目标的"吸引力"。如果目标太大，就把它化整为零。

达成一项小目标时不妨自我奖励一下，借以加强目标的吸引力。

（5）切勿气馁。成功值得奖励，但失败也不必惩罚。在改变习惯的时间内如果偶有失误，不要引咎自责或放弃，一次失误不见得是故态复萌。

人们往往认为，重拾坏习惯的强烈愿望如果不能达到，终会成为破坏力量。然而只要转移注意力，即使是几分钟，那种愿望也会消散，而自制力则会因此加强。

避免重染旧习比最初戒掉时更困难。但是如果你能够把新习惯维持得越久，就越有把握不重蹈覆辙。

比别人多做一点

生性懒惰，却还想得道成仙，这无疑是异想天开。懒惰不改，要想获得成功，必定会碰壁的。

很多人想找一条通向成功的捷径，当众里寻他千百度之后，发现"勤"字是成大事的要诀之一。

天道酬勤。没有一个人的才华是与生俱来的，在成功的道路上，除了勤奋，是没有任何捷径可走的，在每个成功者的身上，都可以看到勤劳的好习惯。

鲁迅说得更清楚："其实即使天才，在生下来的时候第一声啼哭，也和平常的儿童一样，绝不会就是一首好诗。""哪里有天才，我是把别人喝咖啡的工夫用在工作上。"

笨鸟先飞，尚可领先，何况并非人人都是"笨鸟"。勤奋，使青年人如虎添翼，能飞又能闯。

任何事情，唯有不停前进方可有生命力。在这个竞争激烈的世界里，人才云集，竞争对手强大。快节奏的生活、高度的竞争又时刻令人体会到一种莫大的压力，潜移默化地催人上进。

成功的得来可不像老鹰抓小鸡那样容易，而是勤奋工作得来的。只有辛勤的劳动，才会有丰厚的人生回报。即使给你一座金山，你无所事事，也总有一天会坐吃山空的。传说中的点石成金之术并不存在，而在劳动中获得财富才是最正确的途径。你想拥有金子，最好的办法是辛勤地耕耘。

人生是一个充满谜团的过程。在这个过程中，会有许许多多令人悲欢离合、喜怒哀乐的事情，也会有许多意想不到却又似乎是上天特意考验我们的事情出现。在这些事情的考验下，有的人充实而成功地走完了这一过程，有的人却相反，在遗憾中随风逝去。

　　我们每一个健康生活的人都希望自己能够走向成功，都想在成功中领略人生的激动，而成功又不是轻易予人的。

　　那些形成了勤奋工作习惯的人总是闲不住，懒惰对他们来说是无法忍受的痛苦。即使由于情势所迫，不得不终止自己早已习惯了的工作，他们也会立即去从事其他工作。那些勤劳的人们总是很快就会投入到新的生活方式中去，并用自己勤劳的双手寻找、挖掘出生活中的幸福与快乐。要享受成功的幸福，首先要付出你的辛劳汗水，只有这样，你才会收获耕耘的快乐。

第五章

累到无力抵抗：为什么
自控力像肌肉一样有极限

第一节

压力，生命不可承受之重

什么是压力

小小的巧克力曲奇饼会带来什么压力呢？如果你每天吃两块，作为正常饮食的组成部分，那就没有压力。如果你一个月不吃甜食，然后吃了一整条双层的巧克力软糖，那就有问题了。你的身体适应不了这么多糖分，这就产生了压力。虽然没有变卖汽车或移居西伯利亚那么严重，但还是有压力。

根据"纽约州居民压力协会"的调查报告，43％的成年人遭受着压力对健康的负面影响，向基础保健医师咨询的人群中，75％～90％的问题都是因为与压力相关的疾病而引发的失调。

同样，任何反常事情的发生都会对身体造成压力。有些压力的感觉不错，甚至非常好。没有丝毫压力的生活必将无聊至极。事实上，压力并非坏事，但也并非总是好事。如果压力发生得过于频繁或者持续时间太长，就会引发严重的健康问题。

然而，压力并非都是反常的事物。压力也能隐藏在你的生活深处。如果你无法忍受中层管理的工作，却又害怕自己创业，也不敢放弃定期的薪水收入，因此，不得不每天上班；如果你与家人的沟通出现严重的问题，或者生活在没有安全感的环境中……遇到这些情况，你会有什么感受呢？也许一切都很正常，可你就是不开心。即使你适应了生活中的某些事情，比如水槽中的脏盘子、对你袖手旁观的家人、每天12小时的办公室工作，你仍然会感到压力。你甚至可能在事情进展顺利的时候感到巨大的压力。也许别人对你很好，你却疑心重重；也许你对过于干净的屋子反而觉得不舒服；你太习惯于困难，反而不知道如何调整。总而言之，压力是一种奇怪而且高度个人化的现象。

除非生活在没有电视机的山洞里（其实这不失为消除生活压力的好方法），否则，你肯定能从媒体、工作休息室、报纸、杂志等处听到或看到有关压力的报道。大多数人对普遍意义上的压力和自己的个人压力都有一个预想的观念。那么，压力对你来说意味着什么呢？

· 不适

· 疼痛

· 担心

· 焦虑

· 兴奋

· 害怕

· 不确定

这些情绪使人感到有压力，同时这也是由压力造成的。那么，压力本身是什么呢？压力的涵义如此宽泛，又有如此多种的压力以如此多的方式影响如此多的人，以至于压力已经无法定义。一个人的压力可能是另一个人的愉悦。那么，压力到底是什么呢？

压力有很多形式，有些明显，有些剧烈，有些是阶段性的，有些则持续不断。从现在开始，我们将进一步分析各种压力以及压力对你的影响。

当生活改变时：急性压力

急性压力是最显著的压力形式，如果你能联系上这件事情，就很容易鉴别。

急性压力＝变化

是的，这就是全部：变化即生活中出现你不熟悉的事物，包括饮食的变化、锻炼习惯的变化、工作的变化、周围人群的变化，无论失去旧友还是结交新友。

换句话说，急性压力是身体平衡的扰乱因素。你的生理、心理、情绪，甚至体内的化学反应已经适应了事物的某种状态。你的生物钟调好了特定的睡眠时间，你的体能也在特定的时间达到顶峰或跌入低谷，你的血糖也随着每天特定时间的进餐而变化。沿着这条路走下去，在日常习惯和"正常"生活的庇护之下，你的身体和精神将会时刻知道接下来会发生什么。

以下情况都将对你的情绪和身体造成压力：严重的疾病（你

的疾病或爱人的疾病）、离异、破产、超负荷的工作负担、升职、失业、婚姻、大学毕业、彩票中奖。

无论是物理变化（比如感冒病毒、扭伤的脚踝），还是化学变化（比如药物治疗的副作用、产后的激素波动），或是情绪变化（比如婚姻、孩子的独立、配偶的死亡），只要我们目前的状况发生改变，平衡就会被打破，生活也会变化。我们的身体和情绪被迫离开了预期的轨道，变化之后就是压力。

人类的习惯意识非常强烈，因此，急性压力对身体和情绪的影响非常之大。即使最随性、最厌恶计划的人也有自己的习惯，而习惯并非只是享受早晨的咖啡或者睡在钟爱的床上。习惯包括物理因素、化学因素以及情绪因素对身体造成的细微、复杂、相互交叉的影响。

假设你每周工作 5 天，6 点起床，就着咖啡吞下百吉饼，然后挤上拥挤的地铁。每年 2 周的假期中，你每天睡到 11 点，享受丰盛的早午餐。这也是压力，因为你改变了以往的生活习惯。

你或许感觉不错，从某种意义上说，假期确实能缓解长期以来的睡眠不足问题。但是，如果突然改变睡眠时间和饮食结构，你的生物钟和血液循环必须做出相应的调整。当你刚刚调整好时，又不得不回到 6 点起床、享用芝士煎蛋卷和百吉饼的老路上来。

这不是说不应该休假。你当然不能避免所有的变化。没有变化，生活也就没有乐趣。人们渴求也需要一定程度的变化。变化使生活更刺激，更值得留念。在一定范围内，变化就是趣味。

不易拿捏的是，在产生负面影响之前，你能承受多少变化？

完全因人而异。一定的压力是好的，太多了就会损害健康、稳定和平衡。没有任何公式可以计算出每个人的承压范畴，你所能承受的急性压力可能和你的朋友或家人所能承受的完全不同（虽然低程度的压力容忍力是可遗传的）。

工作太累、睡得太晚、吃得太多（或者太少）或者时刻担心不已，这些不仅会给你带来情绪上的压力，还会造成身体压力。很多医学专家认为，压力会引发心脏病和癌症，还会提高事故发生的可能性。

当生活成为过山车的时候：阶段性压力

阶段性压力就像很多急性压力，或者说很多生活变化，在一段时期内同时发生。遭受阶段性压力的人都有某些悲痛的经历。他们常常过于劳累，显得紧张、急躁、愤怒和焦虑。

如果你经历过1个星期、1个月或者1年的连续不断的个人灾祸，你或许就知道什么是阶段性压力的痛苦了。

先是炉子坏了，接着是支票被银行退票，然后又因为超速驾驶而被罚款，现在，所有亲戚打算在你家里逗留 4 个星期，你的小姨驾着你的车冲进了车库，最后是你自己得了流感。对有些人来说，阶段性压力就像是拟定的程序，他们已经十分适应；对另一些人而言，这种压力状态非常明显。"噢，多可怜的女人！她太不走运了！""你听说杰瑞这次的遭遇了吗？"

和急性压力一样，阶段性压力也有积极的一面。从狂热的追求，到盛大的婚礼，巴黎岛的蜜月，然后和爱人一起搬进新居，1 年之内发生这么多事情，其间的压力可想而知。愉快，那是肯定的；浪漫，也毋庸置疑，甚至还有些惊心动魄。但这就是阶段性压力正面影响的典范，虽然压力程度并未减轻。

有时，阶段性压力会以更微妙的形式出现，比如"担心"。在压力和变化出现之前，甚至不太可能出现的情况下，担心就能将其制造出来。过度的担心与焦虑有关。即使担心没有持续如此长的时间，也会对身体技能造成损伤，而且通常都是没有理由的。

担心不能解决问题，往往只是在杞人忧天。担心使你陷入生活平衡遭到破坏的遐想中，而现实中根本没有发生过这些变化。

你是个自寻烦恼的人吗？以下哪些描述符合你的情况？

·你发现自己在担心那些极不可能发生的事情，比如遭遇惨祸、患上没有理由让你相信自己可能患上的疾病。

·经常失眠，担心失去爱侣之后自己该怎么办或者爱侣失去你之后该怎么办。

·深夜躺在床上的时候，因为放不下狂乱的担心而无法入睡。

·听到电话铃声或收到邮件的时候，立刻想到自己即将面对的坏消息。

·你总想被迫去控制别人的行为，因为担心他们无法照顾自己。

·只要是有可能对你或你周围的人造成伤害的事情，即使危险出现的几率微乎其微，你都过于谨慎，不愿参与（比如驾车、乘坐飞机、参观大城市）。

即使只有一项特征符合你的情况，你也有过度担心的可能。如果具有大多数或者全部的特征，担心对你就有非常严重的负面影响了。担心和由此产生的焦虑能够引发生理、意识和情绪上的各种症状，比如心悸、口干、呼吸困难、肌肉疼痛、倦怠、恐惧、惊慌、抑郁等。总而言之，担心会产生压力。

就像很多别的我们觉得不受自己控制的行为一样，压力在很大程度上是一种习惯。那么，怎样停止担心呢？重新训练你的大脑！下次担心的时候，让自己动起来。当你跟随健身录像进行锻炼或者跑过公园呼吸新鲜空气的时候，能量将被消耗，你就无暇顾及担心了。

当生活变质时：慢性压力

慢性压力和急性压力的差别很大，尽管两者的长期影响相差无几。慢性压力与变化无关，而是长期持续的对身体、情绪和精神的压力。比如，某人常年生活贫苦，这就是慢性压力。患有关节炎、偏头痛等慢性疾病的人也是慢性压力的影响对象。不健全的家庭生活以及让你憎恶的工作环境是慢性压力的引发因素。根深蒂固的自我仇恨和较低的自尊也是慢性压力的来源。

有些人的慢性压力很明显。他们生活在可怕的环境中，必须忍受恐怖的虐待；或者在监狱中，在战火纷飞的国家；或者是生活在种族歧视严重的国家或地区。

有些慢性压力没有这么明显。轻视工作，觉得永远无法达成梦想的人处在慢性压力之下，被破裂的感情纠缠不休的人也是如此。

有时，慢性压力是急性压力或阶段性压力的结果。某些急性病可能发展成为慢性疼痛。慢性压力的问题在于人们逐渐适应了压力，往往无法识别和摆脱这种状况。他们认为生活本来就是痛苦和压力重重的。

任何形式的压力都会引发生理、情绪、感情以及精神上的螺旋式损伤，包括疾病、抑郁、焦虑、崩溃等症状。压力过大是很危险的，不仅会磨灭生活中的乐趣，还可能置人于死地，比如心脏病突发、暴力攻击、自杀、中风，还有某些研究中提到的癌症。

一家杂志的某篇文章称，习惯于久坐的 40 岁的女性开始每周 4 次的 30 分钟快走运动之后，心脏病突发的概率将会降到和坚持终身锻炼的妇女同样的水平。因此，任何时候开始关

爱自己都不会太晚。

压力从何而来

压力可以来自内部，可以由你对事物的认识，而非事物本身引起。对某个人来说，工作调换可能是恐怖的压力；对另一个人而言，可能是千载难逢的机遇。关键是态度在起作用。

即使是不可否认的外界压力，比如你的钱财全部被盗，也会影响身体内部的一系列变化。更明确地说，任何形式的压力都会干扰身体制造3种维持平衡和正常的重要激素的功能。

（1）血清素是一种具有安眠作用的激素，产生于大脑深处的松果体。24小时之内，血清素转变成褪黑色素，然后再变成血清素，从而达到控制生物钟的目的。这个过程可以调节能量、体温和睡眠周期。血清素的循环和太阳周期同步，根据暴露在日光和黑暗中的时间进行自我调节。这正是那些常年不见阳光的人，比如生活在北方气候中的人，经历季节性情绪低落的原因，因为他们的血清素分泌出现了紊乱。压力也能造成紊乱，失眠也是。处在压力下的人常常会出现不正常的睡眠周期和失眠，还会因为睡眠质量不高，需要更多的睡眠时间。

（2）去甲肾上腺素是由肾上腺分泌的激素，与肾上腺素相对应，后者在身体感到压力的时候被释放，有助于克制压力。去甲肾上腺素与每天的体能循环有关。压力过重会干扰去甲肾上腺素的分泌，导致能量和动力的严重缺乏。这种感觉就像在很多重要事情需要完成的时候，你却只想坐下看电视那样。去甲肾上腺素的分泌如果遭到破坏，你就可能永远坐在那里，看着电视，完全没有兴致和力气做任何事情。

（3）多巴胺是一种与大脑释放胺多酚有关的激素。胺多酚具有止痛功能，从化学角度来看，胺多酚类似于吗啡、海洛因等镇静剂。受伤的时候，身体就会释放胺多酚帮助器官活动。如果压力破坏了身体分泌多巴胺的能力，也就破坏了分泌胺多酚的能力，你对疼痛的敏感度就会上升。多巴胺使你对喜爱的事物产生美好的感觉，也让你对生活本身产生幸福感。压力过大，多巴胺过少的结果就是乐趣和愉悦感的锐减，人生变得平淡而压抑。

压力能够干扰血清素、去甲肾上腺素和多巴胺的分泌。当这些化学物质的紊乱引起抑郁时，医生可能会开给你抗抑郁的药物。很多抗抑郁药物的原理就是调整血清素、去甲肾上腺素和多巴胺的分泌，重新建立身体的平衡。如果压力管理技术对你不起作用，可以尝试药物治疗，听听医生的建议。

正如你所看到的，压力既可能来自内部，也可能来自外部。怎样认识事件以及事件对身体和情绪的影响才是引起体内化学变化的真正原因。任何怀疑情绪和身体存在联系的人，只要看看人们感到压力和担心时的状况，就会疑云尽消了。两者不仅有联系，而且非常紧密。其间隐藏着控制压力的线索！

第二节

别让过度的压力毁了你

身体压力

你可以控制部分的身体压力，比如，你可以决定自己的饮食量和运动量。这些压力属于生理应激物的范畴。除此之外，还有环境应激物，比如环境污染、物质欲望等。

1. 环境应激物

这是在你周围给身体带来压力的事物，包括空气污染、饮用水污染、噪音污染、人工照明、通风不畅、卧室窗外的豚草过敏原、喜欢躺在你枕头上的小猫留下的毛屑等。

2. 生理应激物

这是在你身体内部的导致压力的应激物。比如，怀孕期间或更年期的激素变化会给机体带来直接的生理压力，经前综合征（PMS）也有类似的作用。激素的改变也能通过情绪变化造成间接的压力。此外，吸烟、酗酒、吃垃圾食品、久坐不运动等不良的生活习惯也会引起生理压力。疾病也是如此，无论是普通的感冒，还是更为严重的心脏病或癌症。外伤也会导致压力，断了的腿、扭伤的手腕、椎间盘突出等都会使你感到压力。

最常见的压力反应之一就是暴饮暴食。处理暂时缺陷的最佳方式是找出更健康的缓解压力的办法。你需要的也许只是一大杯水、一次环绕街区的散步或者给朋友打一次电话。记住，你能够控制自己的生活。

应激物通过情绪对身体施加的影响同样有效，只是没有那么直接。比如，交通堵塞产生的空气污染会给身体造成直接影响。与此同时，困在车队中的你血压升高，肌肉紧张，心跳加速，愤怒情绪不断积累，这就是压力对身体的间接影响。

如果你换个角度来看交通堵塞，比如，看成上班之前听音乐放松的机会，你或许就不会感到任何压力。这再次说明，态度起着至关重要的作用。

疼痛是另一个更为复杂的间接压力的例子。头很痛的时候，你的身体也许并未感到直接的生理压力，反而是你对疼痛的情绪反应引起了严重的身体压力。人们害怕疼痛，而疼痛是让我们知道出现问题的重要途径。疼痛可以是伤害或疾病的信号。然而，我们有时已经知道哪里出了问题。我们得了偏头痛、关节炎或者因痛经、气候变化带来的膝盖酸痛等。这些熟悉的疼痛已经失去了提醒我们立刻采取药物治疗的作用。

但是，我们知道自己承受着某种形式的疼痛，就会有变得紧张的趋势。"噢，不，不是偏头痛！不，不要今天！"我们的情绪反应不会引起疼痛，但能导致与疼痛联系紧密的生理压力。疼痛本身不是压力，我们对疼痛的反应才是产生压力的原因。因此，学习压力管理技术可能无法消除疼痛，却能缓解与之相关的生理压力。

帮助人们控制慢性压力的治疗方法都会建议病人找出疼痛和疼痛的负面认识之间的差别。遭受慢性疼痛的人通过对冥想技术的学习，摆脱了大脑把疼痛当成受难根源的解释。

当你的身体经历这种压力反应的时候，无论是因为直接的还是间接的生理应激物所造成的，都会发生某些特定的变化。20世纪初，生理学家沃尔特·坎农提出了"打或逃"来形容压力给身体带来的生化改变，使其更安全、更有效地躲避或者面对危险。每当你感到压力的时候，就会发生这些变化，即使逃跑和打斗不切实际，或者对你没有帮助，也不会例外（比如，即将上台演讲、参加考试、面对岳母主动提出的建议，这些情况下，"打或逃"都不是有效的应对方法）。

这些是你感到压力时体内发生的变化：

（1）大脑皮层向视丘下部（大脑的组成部分，释放压力反应的化学物质）发送警示信号。大脑识别的任何压力都会引起这个效应，与你是否真正遭遇危险无关。

（2）视丘下部释放能够刺激交感神经系统抵制危险的化学物质。

（3）神经系统通过提高心率、呼吸频率和血压做出反应，一切都变得亢奋。

（4）肌肉变得紧张，做好行动的准备。血液离开四肢和消化系统，流入肌肉组织和大脑。血糖转向最需要的身体部位。

（5）意识变得敏锐。你的听觉、视觉、嗅觉和味觉都将显著提升，就连触觉也会更加敏感。

这听起来能解决所有问题，不是吗？想想精力充沛的执行官，带着目标演示和心知肚明每个问题绝佳答案的精明客户；想想冠军赛中足球队员的每个射球；想想考场上奋笔疾书的学生，完美的答案从笔尖流向 A+ 的答卷；想想自己参加隔壁办公室的聚会，风趣而机智的言谈吸引了每一个人。压力太不可思议了！难怪人们会对此上瘾。

你可以通过自我暗示使自己放松下来。感觉舒适，深呼吸，大声重复具有积极意义的词语或声音（比如"爱""啊哈"），坚持 1 分钟，与此同时，全神贯注地放松自己。连续 1 周，每天都重复几次。当你感到压力的时候，试着说这几个词语，体验身体的自动放松吧！

虽然适当的压力对我们有好处，过度的压力却是有害的，这是压力的不利方面，也是大多数事物的通性。更确切地说，压力会引起身体各个系统的问题。有些问题立刻就会发生，比如消化系统疾病、心率紊乱等；别的问题可能在长期承受压力的情况下才会发生。以下是某些不良压力症状，与肾上腺素直接相关：盗汗、四肢寒冷、恶心、呕吐、腹泻、肌肉紧张、口干、心里混乱、紧张、焦虑、易怒、急躁、沮丧、惊恐、敌意、好斗。

压力的长期影响更难纠正，比如抑郁、体重不正常变化造成的食欲增加或减少、频繁的轻微病症、各种疼痛、性功能障碍、倦怠、对社会活动失去兴趣、不断增多的上瘾行为、慢性头痛、痤疮、慢性背痛、慢性胃痛以及哮喘、关节炎等造成的恶化症状。

大脑压力

我们已经知道，压力可以促使大脑皮层释放某些激素，使身体做好处理危险的准备。除此以外，大脑在压力过重时还会发生哪些反应呢？首先，你的思维和应对更加迅速。但是，到达忍受压力的临界点之后，大脑就无法正常运作了。你会忘记事情，丢失东西。你不能集中精神。你会丧失意志力，沉迷于酗酒、吸烟、暴饮暴食等不良习惯中。

很多人到了四五十岁就开始变得健忘，还担心自己会患阿尔茨海默病（是老年痴呆症的一种，是一种以进行性认知功能障碍和记忆力损害为主的中枢神经系统退行性疾病。此症由多种因素共同作用引起，自由基损伤在发病机理中起重要作用）。很多情况下，健忘和压力是联系在一起的，尤其是那些养育未成年人、经历失业和感情变故的人群，他们正处于压力的顶峰时期。

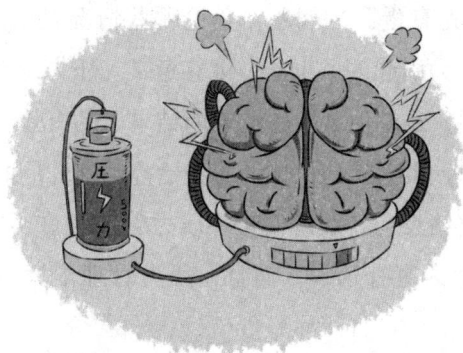

压力反应导致某些化学物质分泌增多，促使大脑和思维变得更加活跃，与此直接相关的却是其他物质的损耗，那些使你在巨大压力下保持思维正确性和反应敏锐度的物质。起初，你能毫不迟疑地回答测试问卷；3个小时后，却连应该用铅笔的哪一头填充那么多小圆圈都记不得了。为了保持大脑每天都能处于最佳水平，决不能让压力扰乱你的反应线路！

压力与疾病的联系

关于哪些疾病与压力有关、哪些疾病与病毒或遗传有关，不是所有专家都能达成共识。然而，越来越多的科学家相信，身体和精神的相互联系意味着压力能够影响绝大多数的生理问题。反之，生理疾病和伤痛也会影响压力。

结果就是"压力—疾病—更多压力—更多疾病"的恶性循环，最终导致身体、情绪和精神的严重损伤。现在讨论的不是

"先有鸡还是先有蛋"的问题，争论哪些情况是由压力引起的、哪些不是由压力引起的，也同样没有意义。压力（无论是引起生理问题的原因，还是生理问题造成的结果）的有效管理将使身体处于平衡状态，大大提高机体的自我治疗功能；同时改善人对外伤和疾病的情绪反应，缓解痛苦。压力管理或许不能治愈病痛，但能让你的生活更有乐趣。而且，压力管理毕竟可以协助治疗病痛。

请记住，压力管理技术不能在全面药物治疗的情况下使用，而应该作为已经接受或即将接受的病痛治疗的补充。遵循医生的建议，通过减轻压力，进一步提高身体的自然治疗机制。

情绪压力

压力能引起多种精神和情绪反应，反之，这些反应也能引起压力。工作太累，把自己逼得太紧，体能消耗太大，说话太多，或者生活在不快乐的环境中都会导致沉重的压力负担。和身体压力一样，情绪压力也会使生活变得艰难，更糟糕的是，情绪压力会进一步引发别的压力。你将陷入新一轮的螺旋式沉沦。

你或许正在经历一段困难的个人感情。你觉得有压力，却又置之不理（或许看似无法解决），你全身心地投入工作，加班加点，承接更多的项目。由此产生的工作困扰会给生活增添新的压力，长时间工作，睡眠不足，不良的饮食习惯等也是重要的压力来源。你的身体和精神都将遭受伤害。起初，你也许能找到额外的优势，因为个人压力已经转换成工作的能量和动力。但是最终，你总会达到忍受压力的临界点。精神调节大大削弱，你将无法集中精神，也不能集中注意力，还会产生剧烈的情绪波动。你会觉得自己的工作表现很差，以及自我效能感的下降。沮丧、焦虑、惊恐、抑郁等也将接踵而至。

不要陷入压力的恶性循环。如果因为积极事件而感到压力，由此产生的内疚和紊乱只会加重已有的压力负担。试着看清压力的本质：人类对变化的中性反应。

情绪压力有很多形式。社会应激物包括工作压力，即将来临的重大事件，和配偶、孩子、父母之间的感情问题，爱侣的过世等。生活中的任何巨变都会引发情绪压力，关键在于你如何看待这些事件。即使是积极的（婚姻、毕业、新工作、加勒比海巡游）、暂时的变化，也可能让你难以承受。

情绪压力使人失去自尊，悲观厌世，渴望自我封闭，此时，大脑正在寻求一切办法遏制压力的扩张。经过1周的高压工作，如果你只想一个人躺在床上，依靠一本好书和遥控器安度整个周末的话，说明你的情绪正在试图重新获得平衡。过量的活动和变化让你渴望摆脱所有事件，回到舒适而熟悉的日常生活中（和最

好的朋友争吵过后，美味的冰淇淋就是恰到好处的解压剂）。

如果放任压力持续太久，你将变得精疲力竭，失去对工作的所有兴趣，控制能力也会不断下降。你可能会被恐惧袭击，会产生严重的抑郁甚至神经崩溃，这是精神疾病的暂时症状，会在较长的时期内突然或缓慢发生。

情绪压力非常危险，相对身体压力而言，你更容易忽视情绪压力。然而，两者对身体和生活的伤害却是等同的。找出情绪压力的源头是压力管理的关键。如果你能同时关注身体压力和情绪压力，生活将会更有乐趣。

精力枯竭的信号包括兴趣、快乐和生活动力的丧失，不断提升的失控感，持续的消极想法，与朋友和同事的疏远，生活目标的迷失。

精神压力

精神压力更加难以琢磨。精神压力无法直接衡量，却是一种和身体压力、情绪压力密切相关的强烈有害的压力形式。什么是精神压力呢？精神压力是对丧失精神生活的无视，也是对部分自我期望、热情、梦想、计划、追求超越人性和生命的事物的忽视。这是无形的自我，是灵魂。无论你是否有宗教信仰，精神层面总是存在的。这是不能测量、计算和完全解释的部分，定义真实自我的部分。

精神层面一旦被忽视，我们的身体就会失衡。当身体压力和情绪压力使我们自尊下降、愤怒、沮丧悲观、丧失情感和创造力、失望、害怕的时候，精神生活会受到更为严重的威胁，我们将失去生活的力量和乐趣。

神经崩溃的信号包括性格变化，不可控制的行为，思想失去理智，过度焦虑，着迷的行为，狂躁或抑郁的行为，严重消沉，不可控制的情感爆发或暴力行为，自我封闭，非法行为，沉迷于不良嗜好，试图自杀及精神疾病的发作，比如精神分裂症。

你曾经见过面临不可克服的障碍、痛苦、伤害、悲剧或损失，仍能保持开心快乐的人吗？这些人的精神层面十分完善，或许是自身努力所致，或许是与生俱来的品质。

当然，有些人并不相信精神层面或灵魂的说法，他们认为一切都是物质的。另一些人更赞同联系说，觉得所有事物就像硕大而复杂的网络相互关联。如果你把整个自我纳入压力管理的范畴，就将获得更全面、更有效的成果，也会找到真正适合自己的途径。对你自身网络中的每个部分悉心保护、珍爱和培养，无论你如何标记它们，非凡的管理艺术必将得以保全自我。

第三节

认清压力，才能控制压力

压力面面观

压力本身是一个非常简单的概念：身体对特定程度刺激的反应。但是，压力对你的影响可能与对你朋友的影响完全不同。你的身体会释放肾上腺素和皮质醇应对压力，然而，你的压力可能来自苛求的上司，来自10个难以监督的下属，或者来自不可能达到的最后期限。你朋友的压力可能来自留在家里需要照顾的4个孩子，来自紧张的经济预算。有人或许承受着慢性骨关节炎带来的压力，也有人可能被漫长无期的情感问题纠缠不休。

随意涂鸦！当你被某事困扰，或者急需某种合乎逻辑的解决方法时，就让你的左脑休息片刻，开动你的右脑。涂鸦可以激发创造性思维，使疲劳的大脑获得平衡。你的创造力很快就会找到你苦苦寻求的解决办法。

对于不同的人，"压力"有着千差万别的意义。因此，任何人实施有效的压力管理方案之前，都必须分析自己的个人压力剖析图。只有识别了你在生活中经历的特殊应激物，与你的个性相联系的压力倾向，以及你处理压力的独有方式，才能设计真正适合你的压力管理组合。

比如，本来就被错综复杂的人际关系搞得精疲力竭的人，增加社交活动的方法就没有意义了。相反，那些因为缺乏支持而感到压力的人或许就能从社交活动中获益。有些人通过冥想可以获得深度镇静，有些人却深受折磨。有些人觉得自信训练能够释放压力，真正自信的人却学着把工作留给别人，让自己清闲无事。

你可以把个人压力剖析图（PSP）看成业务策划书。你就是业务，没有达到最高效能的业务。你的个人压力剖析图就是整项业务的概况，以及阻碍业绩提升的所有因素的具体性质。有了个人压力剖析图，你就能有效设计自己的压力管理组合。不知不觉中，你就已经进入顺利、高效、富有成果（快乐自然不在话下）的轨道。

2～3杯咖啡将使你摄入400毫克左右的咖啡因。这种化学物质会促使身体释放肾上腺素，加剧压力对人体的影响。

那么，你该怎样控制生活中纷繁复

杂的压力呢？又该如何——应对呢？你可以从本章提供的各项测试中获取关键信息，在此基础之上，编制自己的个人压力剖析图。

你的个人压力剖析图由 4 部分构成：

（1）你的抗压临界点。

（2）你的压力触发因素。

（3）你的压力弱势因素。

（4）你的压力反应倾向。

一旦知道自己能够承受多少压力、哪些事情会引起压力（即使不会对朋友、配偶、兄弟姐妹引起压力）、自己的压力弱势在哪里，以及倾向于如何应对压力，你就能建立自己的个人压力管理组合。这就是业务计划。找到问题之后，就能制定战略。你可以订立计划，通过压力管理来改善生活。

压力管理日志

除了追踪本书提及的压力，最简单也最重要的压力管理战略之一就是记录压力日志。在你的压力日志中，你可以记录压力测试的结果，可以描述你的个人压力剖析，可以追踪各项压力管理战略的过程，包括尝试的内容、时间和效果。

压力日志也能记录每天的压力来源和相应的控制方法。你可以记录压力管理战略成功或失败的地方，检查自己为什么能够（或者不能够）有效地处理压力，甚至可以倾吐和抱怨自己遭遇的压力（本身就是压力管理的技术之一）。记下应激物和相应的处理方法有很多好处。

·记录每天的压力来源可以帮助你适应生活中的压力。你将对不曾注意的压力来源和压力结构有更清晰的认识。

·记录你的压力和应对措施可以帮助你识别什么时候压力管理战略能够产生效果，什么时候没有效果。你还能发现自己对生活压力和压力管理效果的真实感受。记录是发现的最好方式。

·如果你常常忽视压力，那么，在你记录的时候就能意识到压力的存在。如果你想对压力采取行动，纸笔之间的宣泄总是比说些或做些会让自己后悔的事情要好。如果你想应对压力，在纸上应对也比养成不良习惯好得多。

压力日志有多种形式，包括律师用的便笺簿、带有空白页面的精装书，甚至你的电脑。不论你选择哪一种，必须是你喜欢使用的。你可以列明应激物的清单，也可以描写自己的感受和应对措施。总之，必须找出适合自己的日志记录方法。

记录压力日志最困难的地方是必须养成每天都要记录的习惯。和别的习惯一样，记录压力日志是可以学习的，加上适当的自律，也是可以坚持的。做到了，你就会很高兴。迫使自己每天记录压力日志也是压力管理的一次胜利。你从增强个人压力意识的过程中获得的其他益处也是努力的价值所在。

安排好生活中的一件事情就能大大缓解压力。今晚与其看电视，不如处理一下那些快要把你逼疯的抽屉、厨房垃圾和衣柜吧。一旦选定某件事情，就心无旁骛地坚持到底。当某个抽屉或衣柜变得井然有序时，你肯定会对心情的好转大吃一惊。

建立你的压力管理目标

考虑到认识自身压力的重要性，我们已经花费了很多时间提高你的压力意识。然而，这只是压力管理的步骤之一。

设定目标也很重要。你想有更高的针对性吗？大大减少生病的几率？不再对孩子大叫大嚷？拥有更高的工作效率？缓解慢性疼痛？消除抑郁，还是全部？

想想你的压力管理目标。你想获得哪些成果？你当初为什么选择这本书？你的脑海里或许已经有了某个目标，即使只是消除长期以来的压力感。好好思考和分析你的目标，然后记录下来。这是压力管理组合的重要组成部分，随着压力剖析和压力组合的其他部分同时完善和发展。完成某些压力管理目标之后，应该建立新的目标。至于现在，先把你目前的压力管理目标列成清单。不用担心必须立刻完成所有的目标。新的目标出现时可以随时添加，旧的目标达成后也可以及时删除。

当你感到压力的时候，停下片刻，观察自己的表情。你的脸是否因为压力而扭曲变形？前额有皱纹吗？眉毛下垂吗？嘴巴表现出不开心的样子吗？试着放松额头，抬高脸颊，保持微笑。简单的面部调整能使你的感觉好很多。（看起来也好很多！）

实施你的压力管理计划

你已经分析过各种压力的来源；明确了没有问题和存在问题的各个方面；也思考过应该采取哪些缓解压力的方法。那么，还剩下什么呢？当然是消除压力！

开始的时候，要找到从哪里入手并不容易。面对这么多信息和想法，你或许会迷茫甚至沮丧。你可能觉得自己永远都控制不了这些压力。

但是，请你记住，如果不认清你所有的压力来源，你就无法妥善地处理这些压力。你已经完成了重要的第一步，你甚至已经思考过进一步的行动。你将不断发现新的压力管理技术，也应该将其不断加入你的技术列表。但是现在，你需要一份可完成事项的有序清单，使你知道应该从哪里开始。

为了实施压力管理计划，可以准备一份编过号码的清单。选出你认为最容易处理的应激物，就从这里开始。比如，你觉得自己应该补充睡眠，这就是一个很好的起点，因为当你睡眠不足的时候，别的任何事情都很难处理。

你听说过儿童早期创伤、表现为特定身体部位疼痛的自尊问题等应激物吗？对于这些问题，可能存在各种相应的理论；然而，压力对身体的影响方式却是高度个人化的。对于那些身体正在遭受压力的伤害，你的意识或许是最可靠的信息来源。除此之外，个人咨询也有一定的帮助。

每天都要在压力管理目标的达成上花些时间，这样，你才会觉得有能力完成自己设定的各项任务。比如，决定今天 10 点睡觉是很容易的，然而，今后的每一天都必须早睡似乎不太可能做到，甚至让你沮丧。你喜欢熬夜，这没有问题。如果只想着"今天"，可能会轻松一些。你也可以只想着"今天"不吃垃圾食品，"今天"去体操馆健身，效果都是一样的。

　　只要养成更为健康的习惯，你就能把目标延长到 1 个星期甚至 1 个月。尝试不同的方法之后，你就能将目标调整到最适合自己的位置。

　　你的压力管理计划实施行动可能很像这个样子：

今天的压力管理计划实施行动

产生应激物的原因	今天的行动
睡眠不足	1. 今晚不看电视
电视看到太晚	2. 把电视节目录下来
	3. 10 点睡觉

　　从你想过如何处理的应激物开始。学习越多，就越能知道应该怎样处理那些更具挑战的生活压力。

第六章

谁偷走了你的时间：
你控制不了生命的长度，
但可以改变生命的宽度

第一节

掌控时间，掌控人生

时间和压力的危机

我们当中有那么多人总觉得时间不够用，这仅仅是因为他们不懂得时间掌控的重要性吗？为什么你对掌控时间感到烦恼？正确地掌控时间真的有这么难吗？掌控时间真的重要吗？是的，这很重要！

计划能力的缺乏是无法做到正确掌控时间的重要原因。你必须要计划你的时间并且不被周围的人或事物所打扰，所以说拖延就是一个大问题了。危机能够发生并且一定会发生，除非你做好了足够的准备并且有充足的缓冲空间来应付它，否则你将无法平安度过。决策能力是时间掌控上一个重要的能力，如果你具备这个能力，知道事情孰轻孰重，任何难题都会迎刃而解。

如果你能消除压力，那么你掌控时间的能力无疑将会有所提高。

如果你能适当地放松自己，那么你做起事情来将更有效率，并且能更容易做出正确的决策。

必须强调的是，掌控时间概念并不仅仅局限于时间本身，它也包括"任务""目标""产量""结果"等概念。如果你想获得成功，就必须注意以上几点。此外，你还要养成一种能够驾驭自己的好习惯，这不仅仅是一种习惯，更是一种技巧，掌握这种技巧将使你成为有能力的人。

正确的时间管理对目标的实现大有益处，这种益处不仅体现在办公室中，也体现在家里，任何时候都不要像无头苍蝇一样无计划地慌乱行事，要根据事情去部署计划，而不要受控于事情。

或许你工作很勤快，但想要成为高效的人，光有勤快还不够，你必须学会聪明地工作。以下五点就是聪明工作的要点：

（1）明确的目标——你知道自己工作的具体目标是什么吗？

（2）充分的能力——你确信自己一定有能力达到这个目标吗？

（3）适当的时间——实现这个目标要花费多长时间？

（4）合理估算——实现这个目标要花费多大的代价？

（5）权衡得失——认为自己所付出的时间和精力能否得到相应的成果，也就是说你实现目标是否与自己所付出的成正比？

时间掌控的技巧种类繁多并且变化无常，光凭死记硬背来记住这些技巧是不可能的，所以必须根据不同的环境采取不同的方

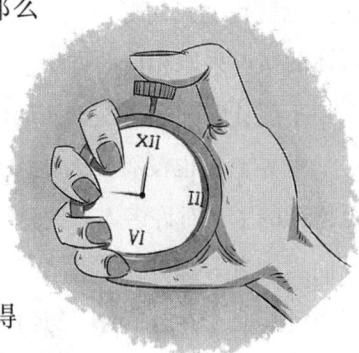

法，也就是说我们每个人都要先衡量一下自己的情况，然后根据具体的情况采取相应的方法。

不要让时间来支配你，而应该由你去支配时间。

世界上再也没有什么比发现自己一天结束后一无所获这件事更糟糕的了，对许多人来说这就是生活充满压力的重要原因之一。我们当中有一部分人工作很努力，总是试图制定一些超前的目标想超过其他人，但是时间匆匆流逝，自己却离目标越来越远。

有效的时间管理意味着什么

结果的完美并不是最重要的。有效的时间管理并不意味着要完成所有的任务，也不表现在要实现最完美的目标，时间管理这个概念远远超出了"为一些有可能发生的事做好一切准备"这样一个概念。若是任务执行的过程中发生一点意外，把原定计划中必要的时间抽出一部分去应对这些意外显然是不可行的。因为抽

出这部分时间必然会导致计划失去平衡，换句话说就是，时间的平衡不应以牺牲计划中正常的时间来实现。

再者，其他人对于一些重要事情的疏忽或是对于重要安排的缺乏理解，也是造成办事无效、时间掌控失败的重要原因。

一位女孩周一非常忙，而她的老板又要求她周五前必须完成某项任务。周一的忙碌使得她不得不把日程安排推迟到了周二，所以很明显，安排任务只能缩短一天，这自然而然给她的心理造成了压力。尽管她费尽全力在办公室加班试图来填补那一天的空白，但仍弄得个措手不及。

建议就是，要为自己制定一个平衡的并且能够坚持下来的计划，别和上面这个女孩一样，把某一天的日程安排得太紧了。

帕累托定律

当某项工作被要求在某一天完成时，召开紧急会议便成了一种必要。但会议的日程安排必须要放在这项工作的前几天，不能放在工作的日程安排中。如果紧急会议并没有所谓的那么紧急、重要，或者本身就是一种浪费的话，那么对于被召来开会的公司职员来说，就面临着两难的境地：要么竭尽所能把工作做得完美，但这可能要花费比预期更多的时间；要么根据有限的时间来安排工作，只要做到足够好就行了。

公司职员通常认为不期而至的会议只会浪费有限的时间，给自己带来压力，以至于无法按时完成老板布置的任务。其实职

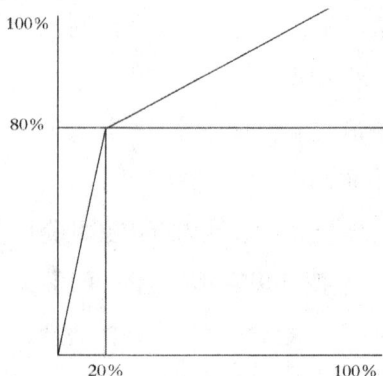

帕累托定律

员们并不是不了解会议的重要性，而是不愿意让会议硬挤进自己的日程安排中。

这种现象可以归结为帕累托定律，即所谓的80/20定律。老板只要完成80%的工作就足够使自己立足于大会发表言论了，职员们有足够的能力做到足够好，从而多完成剩下的20%，但是这另外增加的20%对结果却并无益处，也就是说职员们所坚持完成的20%的那部分纯属浪费。

当工作已经达到了老板或其他负责人的要求时，或者说已达到足够好的程度时，你就应该放下这项工作，转而着手于更有意义的工作，不然就是徒劳。

帕累托定律是意大利经济学家弗雷多·帕累托创立的。这条定理曾经闻名一时，因为在当时的意大利，80%的财富就集中在20%的人手中。

请运用帕累托定律进行分析：

如果把一天中最重要的20%的时间加以充分利用，那么这一天中80%的工作就会做得非常好。

80%的商机来源于20%的客户。

80%的交通事故都是由20%的司机造成的。

80%的啤酒都是由20%的人们消费掉的。

80%的结果都是由 20%的时间来完成的。

合格的时间管理者

仅用所得的薪水来衡量时间掌控的正确与否，显然是不可行的。因为对很多人来说，在工作时间内，这些薪水包含着很多方面的收入，这些收入包括如下：

★由于完成某一项工作而失去对另一项工作的控制权。

★工作产生的压力。

★废品、次品。

★资源的浪费。

★精力的浪费。

★时间的浪费。

★动力的浪费。

★士气的浪费。

★从事其他工作机会的浪费。

★工作过程中产生不良关系所带来的影响。

根据帕累托定律，我们必须对自己手中所支配的时间好好做个安排，工作要尽量安排在结果到来的80%这段时间内完成，只有这样才能保证工作的有效性。

在这里还要强调一点，那就是时间掌控不仅仅只强调管理时间，还应该包括管理工作，只有做到两者兼顾，你才算得上是一个合格的时间掌控者。

如果你只关注时间的安排，而忽视了工作优先次序的安排，是难以实现你的工作目标的；同样，如果你过分注重工作内容的安排，不能合理分配时间，也是谈不上什么工作效率的。在实施任何一项计划前，就要考虑到时间和工作两个因素。

选择适合自己的时间管理方法

要想选择适合自己的时间管理方法，首先必须明确自己要做哪些方面的改变。只有改变错误的习惯，才能有效地掌控时间。

为自己制订一份时间表，详细记下你每天完成某项任务所用的时间。然后依此类推，计算出你每周、每月完成这项任务所用的时间。要保证这些数据的正确性，及时查看，看看自己实际的工作时间与计划的工作时间是否有出入。

你会发现一个问题，那就是自己在喜欢的工作上花费了太多的时间。当你还在为别人无法把你喜爱的工作完成得如此完美而得意时，你不得不承认这样的完美是以你牺牲做其他事情的时间来办到的，这无疑是一种时间的浪费。

在做事情之前，你心里要明白：

你想成为哪一类人？你的生活态度是什么？

你喜欢什么？什么样的结果才令你满意？

怎么样才能使你开心？你想实现怎样的目标？

要实现目标，自己要做哪些方面的改变？

要达到目标，具体要完成哪几项任务？

把以上小窍门记下来，随身携带以供及时参考。

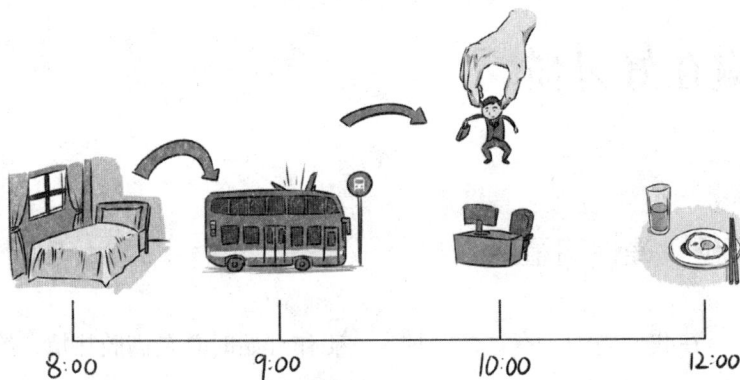

8:00   9:00   10:00   12:00

第二节

赢在好习惯

拖延：谨慎的童话

在我们周围，有这样一种人，工作开始时总是满腔热情，给自己定下远大的目标，决心晚上 6 点开始努力工作，但身边有太多的事情使他找到了各种各样拖延工作的借口。结果可想而知，直到深夜他才发现自己一事无成。

晚上 6 点一到，他就开始坐在书桌前，而且认真地安排了一整晚的工作，但等到一切都安排到位时，他的工作计划就被全盘打乱了。首先，早上还没有看过报纸的想法成了他拖延工作的第一个理由，他离开书桌，打开报纸看了起来。这时他又猛然发现报纸上的内容要远比他想象的精彩，所以他不忘把娱乐版也浏览了一遍。8 点到 8 点 30 分有一档不错的电视节目，他又意识到这是一个放松身心的好机会，于是他便不由自主地打开了电视，原来这档节目 7 点钟就开始了，于是他想，"我毕竟已经忙了一天，还好节目才开始不久，无论如何我也该放松放松了，这将有助于我明天更有效地工作"，这样又过去了45分钟，他再次回到了书桌旁，毕竟工作还是要做的。

开始时他还能静下心来工作，但没过多久，要给朋友打电话的念头和看报纸的想法一样又闪进了他的脑海，他又给自己找了一个最佳的理由，就是只有等打完了这通电话才能安下心来好好工作。他是这么想的，也就这么做了。当然，打电话比工作有趣多了，但他放下电话重回书桌的那一刻已经是晚上8点30分了。

在整个过程中，我们可以清楚地看到，这个自己定下远大目标的又急于完成工作的人仅仅在书桌前逗留了一小会儿，这真是一种悲哀！其实他已经意识到周围的干扰因素，但是这种干扰因素诱惑着他，使他无法自拔。对这些因素的渴望会随着渴望本身的无法满足而变得更加强烈。他越是想看报纸，就越想压制自己的这种渴望，所以看报纸的渴望就变得更加强烈了。于是他放下手头的工作，找各种理由来抑制自己的渴望就成了他唯一的解决问题的方法了。

最后他第三次回到书桌旁，并下定决心不再受干扰，一定要好好工作。但这时的他已经精神疲劳，昏昏欲睡了，注意力无法集中的他早已看不进任何东西了。结果他又看了一档节目，最终倒在电视机前睡着了。

在被别人叫醒后的他睁开眼睛，觉得也就这么一回事。毕竟他也休息了，也读了报、看了电视，又和朋友聊了天，一切都那么顺理成章，他想或许明天晚上他还能够……

如果你诚恳的话，你就不得不承认上述故事中的主人公多多少少有你的影子，你对这个故事恐怕也不会陌生吧？人都是有惰性的，总想着把轻松的事先做完再办正事，但往往心有余而力不足，在做完所有闲事后的你已经没有力气再工作了。这是一个坏习惯，但遗憾的是，这个坏习惯普遍地存在于大多数人的生活中。

坏习惯就躺在温床上，上去容易，下来难。

其实仔细想一下，一天中你所厌烦的工作不可能总是很多的，主要是因为你厌恶这项工作，对此没兴趣，所以注意力自然而然地会被周围事物所吸引，工作时间才会延长。所以说并不是做厌烦的工作要花费很长的时间，而是你拖拖拉拉地把这段时间拉长了。

这样看来，要制订有效的时间掌控方法，第一步就是要杜绝拖延，要找出自己的弱点——干扰自己的外界因素，把它们统统列出来并时刻提醒自己不要被这些东西拖延了。

每日的时间安排

你是如何计划刚起床后的一个小时呢？你可别小看这一个小时的安排，这个安排的好坏会直接影响你整整一天的时间掌控。你必须要尽可能地把对别人来说无事可干的这一个小时用得恰如其分，这样你一天的工作才能安排得井井有条。

能增添你一大清早乐趣、提高你一大清早工作效率的唯一方法就是远离那些使你分神的新闻、信件、邮件或电话。这些时间的安排可以尽量往后推一推，不要放在起床后的一个小时内。记住，清晨往往是一天中最美好的时间，对外界干扰因素的欲望愈少，一天的工作效率就愈高！

如果你是一个懂得积极思考并且明白自己追求目标的人，那么你就可以根据自己的特点来制定最合适自己的日程安排表了。例如，有的人把带着小狗去附近散步这种方法来开始新的一天视为最佳的生活方式，也有人认为练练瑜伽、做做深呼吸才更为惬意，更有人认为应该利用清晨这一段时间来静静思考，品品茶或冲个澡来给自己增加活力。所以每个人都要按照自己的习惯来制定自己的日程表，并要天天坚持，把这些安排变成自己固有的习惯。

以下是帮你支配自己一天中的时间的几点建议：

1. 制订一份详细的计划表

要在起床后或睡觉前分层次地列出一份详细的计划表。按重要性在表中把计划的工作分成三大类：A 类工作最重要；B 类工作相对次要些，但也是需要完成的；C类工作则需要看情况来完成，在时间充分的情况下才考虑完成此类工作。

2. 划分时间段

把一天中琐碎的事情列出来，划分成块。例如把打电话这段时间从一天中抽出来，安排在一个特定的时间段里，或者把一些不太复杂的琐碎时间安排在回家途中这段时间里。这将有助你节省时间，大大提高时间的利用率。

3. 要适当地安排一些休息的时间

在持续工作一段时间之后，要适当地放松一下，看看窗外，想想与工作无关的事或是运动一下。哪怕只休息15分钟，都会给你带来意想不到的结果，以便你更有效率地工作。

4. 学会尽量不受外界干扰

给自己安排出一些不受干扰的时间。在这段时间里，你可以选择在电脑中隐身，使自己不受干扰但又不至于收不到重要邮件，这样就可以既保持正常工作又不被外界打扰了。

适当改变自己的计划

要想做适当的改变，首先要设立切实可行的目标，再把这些目标分成长期目标、中期目标和短期目标三类。

为这些目标制订详细的计划，你心中要明确应该做什么、怎么做。不要犹豫，从现在起开始立即行动吧！在发现自己没有进步时，你应该坐下来好好想想，从上述减肥者的角度看问题！看看自己是否存在习惯上的问题，是否需要为自己的计划做些调整！

下表是每月工作计划样例，你可以参照此表根据实际情况调整你的每月计划。

每月工作计划样例

星期一	星期二	星期三	星期四	星期五	星期六	星期天
27 （日期）	28	29	30	31	1 国庆节 假期开始	2 12：00 橄榄球比赛 17：00 电影
3 9：00- 16：30	4	5	6	7	8	9
10	11	12	13 8：30 从巴黎 回来	14	15 20：45 从巴黎 回来	16
17	18 召开整 天的销 售和市 场会议	19	20	21	22	23
24	25	26	27	28	29	30 11：30 参 加朋友婚宴
31	1	2	3	4	5	6

如果你对事情的严重性把握得很清楚，并且明白一天中需要完成哪些工作、处理工作的次序是怎样的话，就说明你已经掌握事情的控制权了，你已经学会如何运用重要的事情来有效掌控时间了。

　　但是值得注意的是，你仍然要有明确的目标。就像开车一样，如果不知道目的地，你就永远不知道如何到达。

　　我们常碰到这样的一些人，他们精力充沛，干劲十足，工作成绩却平平。究其原因，是他们没有明确的工作目标，做了许多无用功，导致效率低下。

　　《事事都做完，仍有时间玩》一书的作者马克·福斯特是这样说的："只有目标明确，我们才知道该做什么。"

　　有效地处理事情和有效地利用时间是有区别的。一个能够有效地处理事情的人并不一定具备有效利用时间的能力。同样，能够有效利用时间的人也不一定可以有效地处理事情。但有效地利用时间往往比有效地处理事情更能取得良好的效果。

目标要切实可行

　　一个好的计划安排表要能够涵盖 1 个月的时间安排内容，也就是说要在 1 个月前计划就已经被安排好了，因为这 1 个月的准备会使你的计划更详细、更精确。例如，你安排出一些具体的时间来完成特定的任务，见见客户或做工作呈述等。你可以分别用不同的颜色来标识需要完成的工作，紧急重要的时间安排用粉色的笔记录，不太紧急或者重要性不如前者的时间安排用橙色或黄色的笔记录，绿色或蓝色的笔记下的时间安排都是不太重要的，比如聚会、休闲等等。

如果你有一部分的工作需要在办公室以外的场合完成，你的日程安排就要相应做一些调整了。比如说，工作时住在市区而周末则要在附近乡村度过，所以周一至周五的时间安排就和周末的有所不同了。一周中，有将近 3 天的时间要在自己的办公室中准备会议，要去同事的办公室商讨工作，还要做一些相关的报告呈述。这是最忙碌的时候，所以这 3 天的时间安排选择用粉色的笔记录。除此以外的周一到周五这段时间也可算是工作的高峰期，把这段时间的安排用橙色或黄色的笔标出，表明这种安排比前面用粉色笔标出的要轻松一些。周六或周日这两天当然是用绿色或蓝色的笔了，因为这是休息日！在此期间，不必接见客户，不必工作甚至可以不在意时间。一整天的事情平均分配到早上、中午和晚上这三个时间段内来完成。如果所要做的事情不牵涉到其他人工作的话，就有足够的选择来安排时间了。这样做大大减少了时间安排的压力，使时间安排表中的工作变成"不以赚钱为目的"的工作了。

用不同颜色的笔做记号可以轻易地分辨出事情的重要程度，通过这种方式，人们就可以把那些不值得花时间应付的工作从时间安排表中清除掉。这些工作就是"任务罐中那些围绕玻璃珠子的沙粒"。

一旦日程安排表制订成熟了，你就要坚决地执行。千万别受外界影响，要严格按表中计划行事。不过像前面所提到的，一旦有意外事件发生，还是要适当地改变计划，把这些意外也写进去。每完成一件工作，就在计划上面打个"√"，如果有一件工作能够毫不费力地迅速完成，那么你就会在能很快打上"√"的快感中得到满足了。如果工作未能如愿完成，你也不必太在意，把它安排到明天的计划中就可以了。

集中自己的注意力直到工作完成，如果你认为这太困难，那么至少要坚持到工作有进展为止。

在计划工作时要制订出一套适合自己的工作体系，并且自始至终按体系行事。

在工作前，工作资料掌握的详尽程度将对工作开展得是否顺利产生直接的影响，要集中注意力，不要受周围不相干的人或事干扰。

正如开头所提到的，造成拖延最主要的原因就是任务太多、难度太大了，以至你产生惧怕心理，一开始就对这项工作产生抵触情绪，对此项工作的重要性没有很好的认识，导致你不能更好地接受领导对你的指示，或使你产生对工作感到厌烦而不愿完成的心理。在这种情况下，你应该考虑一下这项任务是否属于"三号任务"，即任务本身是否重要。如果是，那你大可不必为此浪费时间，果断地选择放弃吧。

对于那些繁重的任务，可采取把它们分成一个个小任务的方法来解决，只有这样，工作才比较容易开展起来。如果你确实对繁重的任务有所厌烦，那么就把它的份数分得多一些，这样就可以缩短每一次的工作时间，起到减小你烦恼程度的效果。

如果上述任务不仅繁重而且又很紧急，那你当然不能把它分块然后慢慢处理了。这时你就应当把它安排在计划时间的首位，并且以最快的速度来完成，因为只有把这份使你厌烦的工作首先处理掉，你一天中剩下来的时间才不至于受到影响。你可以在结束这份工作后和朋友喝喝咖啡或谈论些愉快的话题来消除疲劳，以保证后面工作的有效性。

　　如果你承担了一份使你感到难以独自承受的责任，那你就应该选择勇敢地把它说出来，你可以选择向家人或者朋友倾诉。责任一旦公布，你就难以逃避了，这有助于你面对现实，不当逃兵。